“十三五”国家重点出版物出版规划项目

地球观测与导航技术丛书

植被高光谱激光雷达遥感基础与应用

牛　铮　毕恺艺　白　杰等　著

科学出版社

北　京

内 容 简 介

本书以高光谱激光雷达植被探测技术为基础，以植被叶片、单株及器官尺度理化参数反演为目标，首先介绍高光谱激光雷达原理及系统组成；其次介绍高光谱激光雷达数据处理关键技术，包括几何校正方法、脉冲延迟效应及校正方法和子光斑效应校正方法，为后续数据处理及植被信息定量反演奠定基础；然后对高光谱激光雷达与植被叶片间的相互作用进行介绍，分析了高光谱激光雷达测量条件下植被叶片复杂反射特性；最后对植被立体参数探测进行了总结，以玉米植株为研究对象，在叶片尺度、单株尺度、器官尺度三个研究尺度上，开展了对植被结构参数、叶绿素、氮素以及光合参数的反演研究，实现了对植被理化参数的三维立体刻画。

本书内容为高光谱激光雷达植被遥感领域的基础内容，可供高光谱激光雷达领域的初学者认识了解高光谱激光雷达仪器结构、工作原理与基础应用方向，也可供从事激光雷达、新型传感器研究的科技工作者和高等院校科研院所师生参考。

图书在版编目（CIP）数据

植被高光谱激光雷达遥感基础与应用/牛铮等著. —北京：科学出版社，2022.12

（地球观测与导航技术丛书）

“十三五”国家重点出版物出版规划项目

ISBN 978-7-03-074192-9

Ⅰ. ①植… Ⅱ. ①牛… Ⅲ. ①植被-激光探测-研究 Ⅳ. ①Q948.1

中国版本图书馆 CIP 数据核字（2022）第 239215 号

责任编辑：董 墨 程雷星 / 责任校对：郝甜甜

责任印制：吴兆东 / 封面设计：图阅社

科学出版社 出版

北京东黄城根北街 16 号

邮政编码：100717

http://www.sciencep.com

北京九州迅驰传媒文化有限公司印刷

科学出版社发行 各地新华书店经销

*

2022 年 12 月第 一 版 开本：787×1092 1/16

2024 年 3 月第二次印刷 印张：9

字数：223 000

定价：98.00 元

（如有印装质量问题，我社负责调换）

“地球观测与导航技术丛书”编委会

“地球观测与导航技术丛书”编写说明

地球空间信息科学与生物科学和纳米技术三者被认为是当今世界上最重要、发展最快的三大领域。地球观测与导航技术是获得地球空间信息的重要手段，而与之相关的理论与技术是地球空间信息科学的基础。

随着遥感、地理信息、导航定位等空间技术的快速发展和航天、通信和信息科学的有力支撑，地球观测与导航技术相关领域的研究在国家科研中的地位不断提高。我国科技发展中长期规划将高分辨率对地观测系统与新一代卫星导航定位系统列入国家重大专项；国家有关部门高度重视这一领域的发展，国家发展和改革委员会设立产业化专项支持卫星导航产业的发展；工业和信息化部、科学技术部也启动了多个项目支持技术标准化和产业示范`；国家高技术研究发展计划（863 计划）将早期的信息获取与处理技术（308、103）主题，首次设立为“地球观测与导航技术”领域。

目前，“十一五”规划正在积极向前推进，“地球观测与导航技术”领域作为 863 计划领域的第一个五年计划也将进入科研成果的收获期。在这种情况下，把地球观测与导航技术领域相关的创新成果编著成书，集中发布，以整体面貌推出，当具有重要意义。它既能展示 973 计划和 863 计划主题的丰硕成果，又能促进领域内相关成果传播和交流，并指导未来学科的发展，同时也对地球观测与导航技术领域在我国科学界中地位的提升具有重要的促进作用。

为了适应中国地球观测与导航技术领域的发展，科学出版社依托有关的知名专家支持，凭借科学出版社在学术出版界的品牌启动了《地球观测与导航技术丛书》。

丛书中每一本书的选择标准要求作者具有深厚的科学研究功底、实践经验，主持或参加 863 计划地球观测与导航技术领域的项目、973 计划相关项目以及其他国家重大相关项目，或者所著图书为其在已有科研或教学成果的基础上高水平的原创性总结，或者是相关领域国外经典专著的翻译。

我们相信，通过丛书编委会和全国地球观测与导航技术领域专家、科学出版社的通力合作，将会有一大批反映我国地球观测与导航技术领域最新研究成果和实践水平的著作面世，成为我国地球空间信息科学中的一个亮点，以推动我国地球空间信息科学的健康和快速发展！

李德仁

2009 年 10 月

序

自然植被群落通常呈现立体分布，不同高度处光照、水分和养分有较大差异，即便同一植株，不同生长阶段不同高度也呈现出不同的结构和生物化学特征。探测这种复杂的三维立体分布特性不仅是精确的生态系统监测和管理的需要，而且对病虫害早期预警、预估生态系统演化等研究也具有重要意义，可以有效推动林业、草原和农业管理水平提高。传统激光雷达和被动光学遥感有各自的优缺点，激光雷达具有很强的空间信息获取能力，而被动光学遥感则具有对目标物丰富光谱信息的探测能力，单独使用其中一种数据源难以满足植被结构参数和生化组分的一体化高精度探测需求。因此，如何获取具有丰富光谱信息的三维点云数据成了研究热点。传统生成具有光谱信息的点云数据主要有几大类方法：将激光雷达数据与被动遥感光谱影像进行融合；观测平台上搭载多个激光探测器；基于多/高光谱影像利用运动结构恢复方法（structure from motion，SFM）进行点云重建。然而，以上几种方法存在数据采集费时费力、数据融合和数据配准困难等问题。

高光谱激光雷达结合了被动光学遥感的高光谱观测能力及激光雷达的垂直探测特点，具有探测冠层内部或者底部精细结构和光谱的能力，对于复杂植被群落的立体探测和单株植被的精细探测具有重要价值。高光谱激光雷达结合了传统激光雷达和被动光学遥感二者的优势，数据获取不受光照条件、地物背景、冠层结构等因素的干扰，且可以探测目标物不同空间位置处的高光谱数据。相比于其他光谱点云的获取方法，高光谱激光雷达避免了数据采集、数据融合和数据配准等问题，可以实现更高效、更精准的光谱三维点云获取，可以探测植被生理结构和光合作用直接相关的生理过程，在复杂地表植被特征探测过程中具有极强的科学价值和应用潜力。

高光谱激光雷达通常由扫描平台、超连续谱脉冲激光光源、固定于所述扫描平台的同轴发射接收系统、多通道全波形测量装置、全波形信号处理单元、控制中心等组成。不同于传统的激光雷达仪器，高光谱激光雷达通过发射和接收高光谱激光来探测研究目标的结构和生化特征，因此对仪器的设计、数据处理具有较高的要求。

该书首先对高光谱激光雷达系统组成进行了详细的介绍，包括发射单元、接收单元和扫描控制单元的一体化设计。然后对高光谱激光雷达后向散射原理进行研究，并对影响数据质量的特性进行了分析概述，为后续的高光谱激光雷达数据处理以及地物光谱反射率探测提供了理论依据。针对新型对地观测高光谱激光雷达系统的特点和应用需求，介绍了相关的数据处理技术，包括激光雷达的几何校正方法、脉冲延迟效应及校正方法、子光斑效应等不同于传统激光雷达处理的一些方法。此外，该书对植被探测基础方面进行了重点介绍，主要用来准确描述植被叶片表面的复杂反射特性，建立高光谱激光雷达条件下植被叶片复杂反射理论机制，厘清高光谱脉冲激光与植被叶片间的相互作用。在此基础上，提出了针对植被叶片的入射角效应校正算法，还重点介绍了高光谱激光雷达在不同尺度上植被生理结构和生化参数包括叶绿素和氮素的反演应用，探索了高光谱激光雷达在植被光合参数反演方面的潜力。

在国家自然科学基金重点项目及其他项目的支持下，牛铮研究员领衔的项目组开展了大量实验，在高光谱激光雷达仪器设备研制与更新、时间延迟效应分析、距离和入射角效应校正及植被生理生化参数反演等方面取得了系列成果，实现了高光谱激光雷达植被遥感基础与应用的突破。可喜的是，项目组也培养了一批该领域的博士研究生和青年科技工作者，在国际期刊上发表了一系列高水平学术论文，稳固了我国在高光谱激光雷达领域的前沿学术地位。

该书是我国高光谱激光雷达遥感领域的一部基础性著作，同时也是植被遥感领域一部重要的应用性著作。值此书付梓之际，笔者先睹为快，深感高光谱激光雷达遥感蕴藏的巨大科技力量，十分高兴向广大读者郑重推荐这部难得的遥感科学大作。

郭华东

中国科学院院士

2022 年 9 月

前　言

高光谱激光雷达结合激光雷达和高光谱成像的优势，可实现地物包括光谱、形状、纹理、空间方位等在内的综合特性的信息提取和目标识别，在植被遥感探测领域具有极大的应用潜力。本书从硬件系统组成、数据处理技术和植被遥感探测应用等领域开展了系统的介绍，为未来进一步应用提供借鉴。

本书介绍的高光谱激光雷达仪器包括以下主要部分：激光器，接收器，发射光学系统，接收光学系统，光学平台和光机系统，信号采集处理系统。另外，仪器还包括如下的附属支持部分：激光器的供电、控制和制冷单元，系统供电单元，主控计算机，电缆，保护罩，仪器工作平台等。采用超连续谱脉冲激光器向外发射脉冲激光，探测目标被激光照射后，其反射光首先经过望远镜进行有效目标视场限制，然后入射光被分束光纤分为多束光线，分别投射到光敏面上，经光电转换装置完成光电转换，再经过放大处理后变成电压信号，最后输入采集器中进行显示、存储，进而经过计算机进行进一步的分析处理。

针对高光谱激光雷达数据处理关键技术，本书根据高光谱激光雷达数据采集方式和应用需求，以激光比值方法为核心，提出了入射角和距离效应、脉冲延迟效应和子光斑效应的校正理论，以改善数据质量，优化处理流程，为植被定量探测奠定基础。

针对高光谱激光雷达的遥感应用本书基于仪器和相关算法，开展植被叶片复杂反射特性分析，提出针对植被叶片入射角效应的数学物理校正方法，深入分析高光谱激光雷达植被叶片复杂反射特性，提出一种改进的植被叶片入射角效应校正算法。在农业表型方面，以玉米植株为研究对象，在叶片尺度、单株尺度、器官尺度三个研究尺度上，开展了植被结构参数、叶绿素、氮素以及光合参数的反演研究，实现了对植被理化参数的三维立体刻画。

本书的组织结构安排如下：

第 1 章，绪论，主要介绍本书的研究背景和意义、国内外研究现状综述等。

第 2 章，高光谱激光雷达原理及系统组成，主要介绍激光雷达原理和理论基础、高光谱激光雷达系统组成及特性分析。

第 3 章，高光谱激光雷达数据处理关键技术，包括几何校正方法、脉冲延迟效应及校正方法和子光斑效应校正方法，为后续数据处理及植被信息定量反演奠定基础。

第 4 章，植被理化参数探测基础，包括高光谱激光雷达信号分析、叶片叶绿素和氮素含量反演。

第 5 章，植被叶片复杂反射特性分析与校正，阐述高光谱激光雷达与植被叶片间相互作用的原理，对高光谱激光雷达测量条件下植被叶片表面复杂反射特性进行分析，列举了一些入射角效应校正方法。

第 6 章，单株尺度的植株理化参数提取，阐述了火炬花植株结构参数和生化组分一体化提取、玉米冠层垂直叶绿素监测以及冠层光合参数三维刻画的原理和方法。

第 7 章，器官尺度的玉米植珠表型参数提取，介绍了高光谱激光雷达在器官尺度上的理化参数反演，实现了对植被理化参数的三维立体刻画，研究内容可促进对植被参量的定量反演由二维扩展到三维。

本书的撰写和出版得到了国家自然科学基金重点项目“植被生理生化垂直分布信息遥感辐射传输机理与反演研究”（41730107）的资助。项目组成员及作者指导的部分研究生参与了本书的撰写，他们是高帅、孙刚、毕恺艺、张昌赛、白杰、王吉等，他们为本书的出版付出了艰苦的劳动，在此对他们表示衷心的感谢。

由于作者水平有限，疏漏之处在所难免，敬请广大读者指正。

作　者

2022 年 9 月

目 录

第1章 绪 论

1.1 研究背景和意义

在生物物种丰富的地区，自然植被群落通常呈现林-灌-草立体分布，不同高度处光照、水分和养分有较大差异，探测这种复杂三维立体分布特性不仅是精确的生态系统监测和管理的需要，而且对病虫害早期预警、预估生态系统演化等研究具有重要意义，可以有效推动林业、草原和农业管理水平提高，对生态环境和全球气候变化等科学研究也有一定的促进作用（李小文和王锦地，1995；牛铮和王长耀，2008）。

植被生理结构参数和生化组分参数的遥感反演，在近 20～30 年来遥感走向定量化过程中始终被重点关注。高精度地重建冠层辐射传输过程以获取叶面积指数和叶向分布，以及重建叶片辐射传输过程以获取叶绿素、水分、蛋白质、纤维素、木质素等多种生化组分的含量信息，是定量遥感的长期目标。在此基础上，建立遥感过程中的冠层-叶片联合辐射传输理论，厘清多种生理生化参数一体化反演的思路，也被认为具有重要的理论意义和实用价值。这一理论的不断完善和实际需求的增加，很大程度上促进了多角度和高光谱两种新型被动光学遥感技术的发展。

多角度遥感是提取植被冠层生理结构信息最有力的技术手段。这一技术重点利用了电磁波的方向特性，通过探测植被冠层表面方向反射信息，结合辐射传输建模及其反演理论，有效提取植被叶面积指数和叶向分布。20 世纪 80 年代末 90 年代初，随着新型遥感器研制的推动，以几何光学模型和辐射传输模型为基础的多角度遥感研究蓬勃发展（牛铮，1997）。21 世纪以来，围绕叶面积指数实用化卫星反演，相关科研工作者开展了更深入的研究，如考虑植被间隙率等参数对反演结果的影响等（Chen et al.，2002）。

高光谱遥感则利用了电磁波的光谱特性，通过探测植被叶片光谱吸收信息，提取植被叶片生化组分含量。20 世纪 80 年代中后期，美国地球系统科学委员会指出：新的成像光谱遥感技术可以估算植物生物化学组分，解释生态系统的特点，因此要开展这方面的基础研究，并发展广泛适用有效的监测方法。美国国家航空航天局（NASA）制订了冠层化学促进计划（ACCP），推动开展了致力于理解电磁辐射与植物叶片、冠层相互作用机理的研究。早在“九五”期间，作者带领的课题组就在国内率先开展了高光谱遥感提取植被生化组分信息的工作（牛铮等，2000），在后续几个五年计划/规划的 863（国家高技术研究发展计划）、973（国家重点基础研究发展计划）等项目的支持下，研究人员对农作物生化组分的遥感提取开展了大量工作（程乾等，2004；王纪华等，2003）。2003 年，作者团队还在国家自然科学基金委面上项目“植物冠层碳氮比遥感定量反演研究”（40271086）的支持下，开展了相关工作。

上述两种遥感技术的联合，可以综合反演一系列的植被生理生化参数。但是这种方法有一个缺点，即仅能反演所关注参数的总量或平均量，而对各参数的垂直分布信息的提取无能为力。在实际立体生态系统中，我们经常会发现，植被株型（叶面积密度垂直分布）会影响植被光合作用能力，植被冠层上部和下部的叶片叶绿素含量有较大差别等。Knyazikhin 等（2013）在 PNAS（美国科学院院刊）发文表明，利用高光谱遥感数据反演植被氮含量时，如果不能对植被垂直结构进行很好地描述，反演结果会有极大的不确定性。垂直分布信息遥感提取手段的匮乏，一方面使我们失去了判断植被生长状况的更多立体信息，只能将三维植被结构置于二维平面上表达；另一方面也会使反演的各种参数与实测相比存在较大的偏差，无法重构准确的辐射传输过程。因此，能否以及如何利用遥感技术准确提取植被生理生化参数的垂直分布信息，就成为未来研究的突破口和创新点。

与被动光学遥感不同，激光雷达遥感器主动发射激光脉冲，通过分析回波电磁波的相位特性和强度特性，获取地表覆盖起伏和垂直形状的波形信息，目前已在植被垂直结构特征的获取方面得到了广泛的应用，即激光雷达遥感有可能获得植被叶面积密度的垂直分布信息。激光雷达与被动高光谱协同进行理化参数提取受到广泛关注，但是受到两种传感器成像方式差异的影响，其在实际应用中面临着较大的困难。因此，激光雷达探测机理能否直接用于植被生化组分参数垂直分布信息的探测？这是有可能的。原因在于，探测生化组分含量信息的原理是，在相关组分的特定吸收波段获取植被叶片窄波段光谱信息，如高光谱遥感一样。而激光是单色光，波段足够窄，只要采用多波段的探测方法并结合波形信息，就有可能探测植被不同高度的生化组分含量。

激光雷达对地探测系统是一种新兴的主动遥感探测技术，可以获取观测目标和探测器之间的距离信息，测量距离可以被映射到三维点云中，从而快速获取观测目标的三维空间信息（Mallet and Bretar，2009；张小红，2007）。除了三维空间几何测量外，大多数激光雷达系统还可以测量被扫描物体表面的激光反向散射强度。当前激光雷达系统记录的反向散射信号，包括离散型和全波形激光回波信号。结合某一波长的激光反向散射强度数据，还可以实现地物分类，如冰川、树木和雪的分类（Alexander et al.，2010；Höfle，2014；Kukkonen et al.，2019），以及植被结构和生物量信息评估，如叶面积分布（Hopkinson et al.，2013；Morsdorf et al.，2009）、叶水含量（Gaulton et al.，2013）和叶面积指数（Lin and West，2016；郭庆华等，2014）等。然而，目前激光雷达主要采用单色波长激光雷达系统进行对地遥感探测，尽管其拥有较强的三维空间结构探测能力，但由于单个激光波长无法测量地物的光谱信息，因而缺少对地物属性和色彩信息的探测能力。

高光谱激光雷达是近些年来出现的新型遥感探测设备，其激光器不同于传统商业化的单色激光器，而是超连续谱脉冲（白光脉冲），该脉冲可以发射具有宽光谱范围的激光脉冲。当发射的激光脉冲与目标进行相互作用后，高光谱激光雷达的接收装置通过滤光片、光栅等光谱分光方式获取各个光谱波段的反向散射信号，从而构建目标物的高光谱三维点云[x，y，z，$R(\lambda)$]。高光谱激光雷达结合了被动光学遥感和传统激光雷达探测器的优势，可以在不受光照条件、地面阴影、冠层结构等因素干扰的条件下，获取目标物具有丰富光谱信息的三维点云（Gong et al.，2012；Niu et al.，2015；Wang et al.，2016；龚威等，2021）。因此，高光谱激光雷达作为一种新型遥感技术，具有对植被结构参数和生化组分的一体化提取能力，在提取作物的精细表型和作物育种方面具有很大潜力（高帅等，2018）。相比于其他光谱点云的获取方法，即激光雷达与光谱数据融合、多个激光传感器点云配准、运动结构恢复（structure from motion，SFM）算法，高光谱激光雷达避免了数据采集、数据融合和数据配准等问题，可以实现更高效、更精准的光谱三维点云数据获取。

高光谱激光雷达结合了激光雷达探测和高光谱探测成像的优势，通过激光光源主动发射宽谱段激光脉冲并探测后向回波，从回波中提取被测目标的光谱信息和测距信息，并从中获取被测目标的几何特性、距离信息、光谱特征等属性，其充分结合了激光雷达主动探测、高精度三维信息与高分辨率光谱信息同时获取的优势。在森林环境中，超连续谱激光可以通过小间隙穿透密集的树冠，因此更详细的生物物理和生化参数的空间分布可以通过目标对激光脉冲响应的回波波形数据来揭示。这在森林地区尤其重要，因为激光雷达系统可以测量树冠高度、树冠结构、树冠覆盖度和地上生物量等。植被的结构参数和生化组分信息互为一体，对二者的同时获取可以更加准确而高效地提取森林立体分布特征、作物表型信息等，加深对作物理化性质的认知，并可以进行器官分割、病虫害探测等更深入的分析（Behmann et al.，2015）。某些波长的回波能量与叶片生物化学有关，可用于估算叶片水分含量、氮素含量和叶绿素含量等。从全波形高光谱激光雷达数据中获取森林知识是有效和全面了解森林在气候变化下生物量变化和碳循环中的作用的关键一步（Bi et al.，2020；Sun et al.，2018）。相较于传统的激光雷达探测成像技术和被动光谱成像技术，高光谱激光雷达提供的额外光谱信息将单波长激光雷达测量范围扩展到光谱三维，因此具有更大的定量遥感应用潜力及更强的适应性。

综上所述，植被生理生化参数具有立体分布的特征，表现在水平分布上的不均一性，同时在垂直方向上的异质性。目前，被动光学遥感只是在水平方向参数反演方面具有较高的精度，对于具有垂直方向分布的特征参数，如叶面积密度分布、生化组分垂直分布等均不能进行很好地反演，只能对“立体柱”总量或平均量进行描述，不能反映其垂直分布状况。高光谱激光雷达遥感能综合反演植被生理生化参量水平分布和垂直分布，其研究对于发展植被辐射传输理论，为新一代遥感器研制提供理论和实验基础具有重要意义。

1.2 国内外研究现状综述

1.2.1 基于被动遥感的植被理化参数反演

1. 植被的光谱特性

地物都有相应的电磁辐射规律，植被与入射光之间的吸收、反射和透射等一系列相互作用形成了植被特有的光谱特性，构成了遥感探测器获取植被生理生化属性的基础

（Berger et al.，2020；Liu et al.，2020）。叶片反射光谱曲线同时受叶片表面属性、内部结构和生化组分的影响，叶片内不同的生化组分对应着特定的光谱吸收波段。

在可见光波段（400～700 nm），植被的反射率主要受到叶片各种色素（叶绿素、叶黄素、叶红素、类胡萝卜素等）的影响，其中，叶绿素含量的影响最大，且该色素在可见光范围内形成两个吸收谷和一个反射峰，吸收谷分别位于450nm附近的蓝色波段以及650nm位置处的红边波段，而反射峰则位于550 m处的绿边波段。红外波段主要分为四个区段：近红外波段（700～1000nm）、短波红外波段（1000～2500nm）、中红外波段（3000～5000nm）和远红外波段（8000～12000nm）。近红外波段，植被的光谱主要受叶片内部的结构影响，具有反射率和透射率高、吸收率低的特点。可见光与近红外“红边”区域（670～760nm）是一个重要的植被监测特征区域，广泛应用于叶绿素、类胡萝卜素等参数的提取，植被的反射率从760nm处波段起迅速升高，且随着植被叶绿素含量的增加，光谱反射曲线会产生“红移现象”，即计算的红边位置（一阶导数的最大值）向长波方向移动。在短波红外波段，植被的反射率主要受到水分吸收和蛋白质含量的影响，水分在1450 nm和1950nm附近具有两个明显的吸收带。中红外和远红外波段也称为热红外区域，一般用来提取植被的温度特征。此外，植被的光谱曲线与植物的类型、生长时期以及健康状态等因素密切相关，如植被患病时，由于吸收带处的吸收强度减弱，植被的颜色会随之产生变化。

遥感技术可以在不接触植物的前提下，通过光谱探测的方式获取目标属性，因此得到了更加广泛的关注。植被各生化组分的光谱吸收谱段往往比较窄，且对于木质素、纤维素和蛋白质等，其光谱吸收特征也更为复杂。因此，利用宽波段的遥感探测器进行目标生化组分探测时，传感器的光谱分辨率可能会大于生化组分光谱吸收处的光谱宽度，导致传感器获取的光谱波段信息只是植被在光谱区间内的平均反射率，而无法精准探测到各生化组分的吸收特性。

2. 生化参数反演

随着光学遥感探测器从多光谱到高光谱的不断发展，植被生化组分的反演方法也逐步得到扩展，主要划分为四大类方法：参数回归（Kalacska et al.，2015；Niu，2010；Tian et al.，2014；Zarco-Tejada et al.，2001；牛铮等，2000）、非参数回归（Gewali，2018；Rivera-Caicedo et al.，2017；Yao et al.，2015）、物理模型方法（Atzberger et al.，2015；Feret et al.，2015；Sun et al.，2018）以及混合回归方法（Fei et al.，2012；Verrelst et al.，2015）。

1）参数回归

参数回归方法由于简单易行且模型参数明确，长期以来是光谱学领域最常用的方法。该方法通过将探测器获取的反射率信息和目标生化参数构建明确的关系式来进行参数反演。经验模型要求选择的光谱波段对目标参数具有高度敏感性，而对其他非目标变量不敏感。因此，构建的经验模型能在一定程度上减少其他变量（冠层结构、背景土壤、太阳光照、传感器观测角度、大气成分等）的干扰。其中，光谱指数是参数回归中最广泛应用的方法。光谱指数的构建首先要进行光谱波段的选择，即利用敏感性分析等方法从全光谱信息中筛选出对所反演变量的特定敏感波段。然后，对所选波段进行组合构建植被指数，对于两个波段通常通过二维相关矩阵来构建比值或差分植被指数，而基于三四个波段构建的植被指数形式上则会复杂很多。最后，利用线性、对数、指数、多项式等拟合关系来构建生化组分与植被指数间的模型，从而进行目标参数反演。

参数回归方法尽管操作简单，但也存在局限性，在于构建的模型只针对特定目标物和研究区域，而缺少对其他数据集的通用性（Heiskanen et al.，2013；Mariotto et al.，2013）。另外，参数回归方法仅基于几个光谱波段，难以充分利用高光谱数据所获取的全部光谱信息（Verrelst et al.，2018）。

2）非参数回归

相比于参数回归，非参数回归方法可以通过对训练数据集进行学习来构建和优化回归模型。非参数回归方法直接在遥感探测器获取光谱数据和目标变量之间构建回归关系，因此，该方法属于数据驱动的方法，适用于不同类型的数据集。另外，该方法构建的模型不需要明确的参数，而需要用来理解和执行模型的专家知识。非参数回归方法可以充分挖掘遥感数据中的全光谱信息，但模型构建中容易出现过拟合的现象，因此需要在模型构建过程中对各波段定义权重。另外，在数据处理的过程中，光谱波段间的相关性会导致数据的冗余和噪声的增加，因此在构建模型时需要对光谱数据进行“降维”处理，将光谱信息转换到较低维度空间，同时最大限度保留原有光谱信息。

非参数方法可以进一步分为线性非参数回归方法和非线性非参数回归方法。其中，线性非参数回归方法主要包括主成分回归、偏最小二乘法回归、逐步多元线性回归、岭回归以及最小绝对收缩与选择算子。非线性非参数回归也称为机器学习方法，该方法应用的是非线性转换，在应用时无需了解数据的分布情况，因此对所有数据类型都具有很好的应用效果。机器学习方法主要包括决策树、人工神经网络以及基于核的回归。其中，基于核的回归方法包括支持向量机回归、核岭回归和高斯进程回归。

3）物理模型方法

物理模型方法可以解释输入变量与输出变量之间的因果关系，对不同研究区域和不同采集时间的数据集具有很高的通用性。该方法基于光子相互作用的物理定律建立起来，模型变量通常利用辐射传输公式并结合先验知识进行推断。辐射传输模型描述了光线在植被叶片或冠层内的吸收散射过程，一些模型甚至将热辐射、太阳诱导的叶绿色荧光等参数一并进行考虑。

辐射传输模型主要可以分为叶片模型和冠层模型两大类。在冠层尺度上辐射传输模型考虑了植被的结构特征，如 SAIL 模型（Verhoef，1984）；在叶片层次上，通常以叶绿素、水分、蛋白质、纤维素、木质素等生化参数为反演目标，比较著名的辐射传输模型包括 PROSPECT 模型（Feret et al.，2015）、LIBERTY 模型（Dawson et al.，1998）、N 流模型（Richter and Fukshansky，2010）、Ray Tracing 模型（Govaerts et al.，1996）等。物理模型的计算速度差异比较大，广泛应用的 PROSPECT 模型、SAIL 模型等输入参数比较少，计算速度快；而可模拟复杂场景的辐射传输模型往往需要大量的输入参数，且模拟速度慢，如 FLIGHT 模型（Barton and North，2001）、DART 模型（Gastellu-Etchegorry et al.，1996）、SCOPE 模型（Tol et al.，2009）、Librat 模型（Lewis and Muller，1993）等。

物理模型反演的优化方法主要包括两类：数值优化方法和查找表方法。其中，数值优化方法是通过对输入变量的不断迭代，使计算模拟反射率与实测反射率差异性的代价函数值最小，并将对应的参数作为反演值。查找表方法将不同模型的输入参数进行组合，并模拟各参数组合下的植被光谱属性，从而构建起一个数据库，将反演问题简化为寻找与输入反射率最接近的模拟反射率，从而获取其对应的生化参数。

4）混合回归方法

混合回归方法结合了机器学习方法和物理模型方法，同时具有机器学习方法的灵活性和物理模型的通用性。混合回归方法首先利用辐射传输模型构建查找表，然后基于查找表中的所有数据利用机器学习方法构建回归模型。相比于参数和非参数回归方法，混合回归方法使用辐射传输模型的模拟数据集来进行回归模型构建，因而该方法不需要实测数据集。目前，该方法由于存在的共线性问题，在光学遥感的应用尚不充分。因此，该方法需要与数据的降维方法进行结合来充分发挥其在植被参数反演方面的优势。

以上四大类反演方法各有优缺点，均已在植被理化参数估算方面得到充分的应用和发展。光学遥感数据尤其是高光谱影像可以探测植被属性的丰富光谱信息，但该类遥感数据在采集过程中容易受其他因素，如观测角度、土壤背景、光照条件、阴影以及植被冠层结构干扰（Eitel et al.，2010；Knyazikhin et al.，2013），且被动传感器由于具有较大的瞬时视场角（一般大于 $50cm^2$），难以将植被的光谱信号从传感器所获取的混合信息中分离开来，因此对早期植被理化信息的探测比较困难（Eitel et al.，2014b，2011）。另外，光谱数据缺乏空间信息，难以监测植被生化组分垂直上的非均匀分布特征（Bi et al.，2020；Li et al.，2013），同时也难以提取植被不同器官上的光谱从而进行器官水平上的生化参数反演（Zhu et al.，2015）。

3. 结构参数反演

基于被动遥感光谱信息的植被结构参数反演[LAI（叶面积指数）、生物量等]方法与其生化参数的反演方法基本相同。参数回归方法通过构建对干物质或叶绿素含量敏感的植被指数（Cheng et al.，2017；Kross et al.，2015；Peng et al.，2003）或提取波形中的有效信息（红边位置、小波变换等）（Delegido et al.，2013；Huang et al.，2014）来进行结构参数的反演；线性非参数回归模型方法（Bratsch et al.，2017）和机器学习方法（Jensen et al.，2012；Neinavaz et al.，2016；Tuia et al.，2011）通过对数据集的训练构建用于结构参数反演的回归模型；辐射传输模型同时考虑了植被生化参数和结构参数的变化，通用性和机理性强，被广泛用于 LAI 等结构参数的提取（Duan et al.，2014；Juan et al.，2013）。

基于被动遥感数据植被结构参数估算被广泛应用，但其反演仍存在局限性：①结构参数的反演精度容易受到光谱“饱和”问题的影响，尤其是对于生长茂盛的植被，这种问题更加突出（Li et al.，2020；Wang et al.，2016）；②植被的结构参数具有空间三维属性，而传感器获取的光谱是二维数据，二者的不同维度导致光谱数据无法实现对结构参数的立体刻画，且导致构建的反演模型难以从机理上进行解释，模型通用性比较差（Eitel et al.，2016）。

1.2.2 基于激光雷达的植被理化参数反演

1. 结构参数反演

随着激光雷达探测器的发展，激光雷达的扫描平台也在进步，以满足对植被表型的高通量测量需要。激光雷达探测器可以在不同距离上实现对目标植被的表型监测，根据探测器距离的差异，可以将其划分为近端遥感平台和远端遥感平台。近端遥感平台包括了三脚架、田间小车、高架塔、背包和手持等，其探测由室内测量逐步拓展到室外环境（Jin et al.，2021；Zhao et al.，2019）。近端遥感平台获取的目标空间分辨率很高，如地基扫描平台上获取的激光雷达数据，其空间分辨率可以达到厘米级甚至毫米级。远端遥感平台包括无人机、飞机以及卫星：卫星可以获取大尺度上的激光雷达数据，如ICESat上搭载的GLAS传感器可以获取全球尺度上的雷达数据，但卫星尺度上获取的激光雷达数据空间分布率比较低，因此其获取的比较粗糙的空间信息主要用来提取森林表型而较少应用于植物育种；无人机平台上可以获取小区和景观范围内的激光雷达数据，其成本比较低且扫描效率高；基于飞机平台的激光雷达设备则主要用于景观和区域尺度上的植被表型提取。

由于包含目标物的三维空间信息，激光雷达被广泛应用于提取植被的结构信息（Calders et al.，2020；Hosoi and Omasa，2009；Su et al.，2019；Walter et al.，2019），如生物量（Calders et al.，2014；Jin et al.，2020；Li et al.，2020；Stovall et al.，2017；Walter et al.，2019；李旺等，2015）、LAI（Morsdorf et al.，2006）、高度（Gao et al.，2015；Walter et al.，2019）和冠层覆盖度（Morsdorf et al.，2006）等结构参数。冠层尺度的表型探测不能完全满足作物育种的需求，激光雷达系统不仅可以提取植株尺度上的结构参数，还可以通过机器学习等方法分割和分离植物的不同器官（Jin et al.，2018；Malambo et al.，2019），实现器官（茎、叶等）等更小尺度的结构探测（Elnashef et al.，2019；Magney et al.，2014）。

2. 生化参数反演

激光雷达属于主动式遥感技术，探测时利用其激光器自主发射激光脉冲，并接收目标物的反向散射回波信号。尽管激光雷达目前主要用于结构参数提取，但其反向散射回波信号中包含了目标物属性，因此基于激光雷达的植被生化参数反演得到了越来越多的关注。激光雷达作为一种主动探测技术，可以很大程度上克服被动光学遥感的局限性。相比于被动遥感数据，基于激光雷达数据的生化参数反演有以下几大优势：①进行数据采集时不易受到天气、地面阴影、观测角度、冠层结构以及多次散射等因素的干扰

（Gaulton et al.，2013；Morsdorf et al.，2009），且可以实现全天时的长时间监测（Puttonen et al.，2015）；②激光雷达可以获取目标物不同高度处的属性信息，因此可以实现垂直方面上的生化参数反演（Bi，2020；Du et al.，2021；Jin et al.，2021）；③激光雷达探测器具有比较小的瞬时视场角，可以将土壤背景等从植物点云中分离开，因此可以实现植被生化组分的早期探测（Eitel et al.，2011）。

激光雷达的反向散射强度受入射角、边缘效应、探测距离等一系列因素的干扰：随着探测距离和激光入射角的增加，反向散射强度减弱；当激光光斑部分照射在目标物上时会出现边缘效应，导致回波信号混杂，至少包含两种目标物（Eitel et al.，2014a；Kaasalainen et al.，2011；Zhang et al.，2020）。因此，利用回波强度进行生化参数反演时需要对激光雷达信号进行辐射校正。对激光雷达反向散射强度距离因素的校正方法主要分为：基于回波强度和探测距离关系的数据驱动方法（Höfle and Pfeifer，2007；Koenig et al.，2015）及基于激光雷达方程的模型驱动方法（Höfle and Pfeifer，2007）。入射角校正方法主要分为三大类：①基于理论模型校正。部分研究直接利用激光雷达方程进行入射角校正，因为激光雷达方程在机理上描述了激光器发射脉冲和接收信号之间的关系（Gong et al.，2012）。朗伯体的反向散射强度和入射角的余弦值相关（Coren and Sterzai，2006），然而绝大多数的物体并不是标准的朗伯体，且对于激光雷达的近距离观测，其获取的回波信号并不遵循激光雷达方程。还有一部分研究考虑目标物的非朗伯体属性，构建具有漫反射和镜面反射因子的模拟模型（如 Lambert-Beckman 模型）来进行入射角校正（Bai et al.，2021；Qian et al.，2021）。②基于训练数据集构建入射角与激光雷达回波信号之间的经验模型（Hu et al.，2020）。③利用参考目标物构建模型来进行入射角校正（Zhu et al.，2015）。

商业化的激光器目前均为发射单色激光脉冲（532 nm、1064 nm、1550 nm 等），基于单波段的激光雷达在植被生化参数反演方面逐步得到应用。基于 532 nm 波段的激光器是比较成熟的激光器之一，由于 532 nm 位于绿光区域，对叶绿素比较敏感，因此该激光器可以用来探测植被的叶绿素（Eitel et al.，2010）和氮素（Eitel et al.，2011；Magney et al.，2016）。基于 1550 nm 波段的激光器也被广泛应用，该波段位于短波红外区域，对水分比较敏感，因此基于 1550 nm 的激光雷达被用来探究其在监测植被水分方面的潜力（Neale et al.，2016；Zhu et al.，2015，2017）。尽管单波段激光雷达可以刻画植被生化组分的三维分布，但商业化激光器的固定光谱波段不一定对应目标理化参数的敏感波段，且光谱信息的缺乏限制了其反演精度的提升，难以满足作物表型的高精度探测需要。

1.2.3 高光谱激光雷达系统研究现状

1. 多/高光谱激光雷达系统

目前一些双波长或三波长激光系统已被开发并用于植被遥感探测应用。美国国家航空航天局的 Rall 和 Knox（2004）开发了双波长光谱激光雷达，其工作波长约为 660nm 和 780nm，能够检测树冠在物候周期红外波段和近红外波段比的变化。美国内布拉斯加大学研究团队开发了双波长机载激光雷达系统，使用 1064nm 和 532nm 双波长和偏振探测方式，证明可检测到树种之间的反射率差异（Tan and Narayanan，2004）。近些年，一些商业化多波长激光雷达系统也开始出现。Optech Titan 系统配备有三个独立激光器，波长分别是 532nm、1064nm 和 1550nm，涉及绿色和近红外波长通道。Leica Chiroptera 系统利用绿色（532nm）和近红外（1064nm）波长同时采集全波形和离散回波数据，但两个通道采用独立的发射光路，因此测量在空间上不一致。由于这些激光雷达波段数很少，且有些波段并不在植被探测的最佳波长，因此在植被遥感应用上仍有一定的局限性。

目前，国内外的多个研究机构开展了全波形高光谱激光雷达仪器的研制，包括中国科学院空天信息创新研究院、武汉大学、英国爱丁堡大学以及芬兰大地测量研究所等科研机构，目前主要的高光谱原型设备及其目标研究内容如表 1-1 所示。由于超连续谱脉冲覆盖了可见光、近红外、短波红外等光谱范围，仪器研制时根据实际需求对光谱波段的数目和中心波长进行调整，目前高光谱原型设备的光谱波段已由 2 波段（Chen et al.，2010）、4 波段（Gong et al.，2012；Niu et al.，2015）逐步扩展到 16 波段（Hakala et al.，2012）、32 波段（Lin et al.，2018；Sun et al.，2014）甚至 91 波段（Shao et al.，2019）。

表 1-1　高光谱激光雷达国内外研究进展

机构名称	相关研究内容	参考文献
中国科学院空天信息创新研究院	生化组分垂直分布探测 几何和辐射校正	（Niu et al.，2015；Sun et al.，2014；Li et al.，2019）
武汉大学	碳氮含量诊断 地物分类	（Du et al.，2016；Gong et al.，2012；Sun et al.，2017；Yang et al.，2020）
英国爱丁堡大学	绿色植被生物量估测和健康状况诊断	（Wallace et al.，2014；Woodhouse et al.，2011）
芬兰大地测量研究所	地物分类 入射角校正 生化参数监测	（Chen et al.，2010；Hakala et al.，2012；Shao et al.，2019）

芬兰大地测量研究所于 2007 年将超连续谱白光脉冲作为主动激光雷达的光源（Kaasalainen et al.，2007），证实了其作为高光谱激光雷达（hyper spectral liDAR，HSL）光源的可行性，并发现获取的相对反射率随着反向散射角度的不同而产生变化。随后，由于通过光谱分光和滤波片，可以根据具体的实验需求来对光谱波段进行选择，芬兰大地测量研究所考虑到 600nm 和 800nm 波段比较高的信噪比，利用基于这两个波段的高光谱激光雷达（Chen et al.，2010）进行结构信息和光谱信息提取能力的测试；该研究发现由于发射脉冲的光谱偏离、激光脉冲能量的变化以及雪崩光电二极管（avalanche photon diode，APD）传感器光谱响应有差异等，信噪比和精度有待进一步提升。该研究所将高光谱激光雷达的光谱波段拓展到覆盖 470～990nm 光谱范围的 16 个光谱波段后（Hakala et al.，2012），在实验室黑暗环境中将高光谱激光和传统的被动光谱仪对目标物的顶部和底部进行测量，选用八个信噪比比较高的波段，结果显示二者的光谱曲线趋势相同，但高光谱激光在近红外波段的反射率要低于被动光谱仪。由于高光谱激光雷达尚处于研制阶段，其扫描速度慢，该研究所提出通过将高光谱激光雷达获取的反向散射

光谱数据集与商业化激光雷达获取的距离数据集进行融合，得到虚拟的高光谱激光雷达数据（Suomalainen et al.，2011）。随后，考虑到高光谱激光雷达系统的有效波段受到光谱分光和滤光片等因素影响而不能随意调节，该研究所将声光可调谐滤波器（acoustic-optic tunable filter，AOTF）与高光谱激光雷达系统相结合，该系统具有 5 nm 的光谱分辨率，最多光谱波段可达覆盖范围为 650～1100 nm 的 91 个波段（Shao et al.，2019）。

英国爱丁堡大学的 Morsdorf 等（2009）构建了高光谱激光雷达植被模型，对高光谱激光雷达在监测森林方面的有效性进行了初步探测。该模型主要包含：由 PROSPECT 模型模拟的叶片的光学属性、树木结构和森林三维模拟及激光雷达测量过程；PROSPECT 包含叶片水分、叶绿素含量、叶片结构参数和干物质含量共四个输入参数，树木结构模型使用的是 TREEGROW，该模型可以随树木的生长时期构建不同的枝干和根系；激光雷达测量过程使用开源的光线追踪系统 POVRAY，该系统整合了反射和传输过程，光线分布可根据实际的激光雷达设备进行调整。该实验表明，该模型对单棵树和树林都可以达到比较理想的测量效果，同时利用归一化差值植被指数（normalized difference vegetation index，NDVI）反映植被叶绿素的垂直变化情况，证实了高光谱激光雷达在理论上的可行性。随后，该实验室于 2011 年研制了用来对森林结构和生化组分进行分析的多光谱激光雷达（Woodhouse et al.，2011），该仪器光谱通道的中心波长为 531 nm、550 nm、660 nm 及 780nm。研究发现，波长较短的波段比波长较长的波段输出的信号时刻更早，这种时间延时效应导致不同波段间的测距能力产生差异，并提出具有更高激光发射频率、更窄带宽、更加稳定的激光光源有待进一步研究。

中国科学院空天信息创新研究院（简称中科院空天院）于 2014 年研制了 4 波段高光谱激光雷达（Niu et al.，2015），通过利用波段滤波器将接收的全波段回波信息分为四个波段，波段的带宽为 10 nm，中心波长为 531nm、570nm、670nm 及 780nm。同时，对高光谱激光雷达的测距性能和光谱探测性能进行测试，结果发现，利用高光谱激光雷达构建的 NDVI 与商业化光谱仪的测试结果很接近，且高光谱激光雷达的测距精度基本可以满足实验要求，但当两个目标物之间的距离小于 150mm 时，在激光雷达的回波信息中没有出现两个峰值对目标物加以区分。随后，该研究组研制了 32 波段高光谱全波形激光遥感系统（Sun et al.，2014），波段范围为 409～914nm，将该仪器的测试结果与普通光谱仪进行对比，发现其测得的反射率趋势基本一致，可以有效提取植被光谱的特性，但激光雷达获取的反射率曲线比光谱仪的结果要偏高；为测量该 32 波段激光雷达系统的测距性能，将两个反射板分别放置于距离激光雷达 6m 和 7m 处的位置，激光雷达对两个目标物之间估算的平均距离为 1009.4mm，基本可以满足对植被结构参数高精度反演的需求。Gao 等（2016）基于辐射传输理论模型单次散射和激光雷达方程，根据高光谱激光雷达光斑相对于叶片的大小，分别建立了针对叶片和冠层植被理化参数反演的高光谱激光雷达模型，模型可以计算目标在给定入射辐射下的反射率，并针对典型森林和农田场景开展模拟，证实了该模型的可行性。中国科学院光电研究院近些年开发了全波形多光谱激光雷达原型机，光谱范围涉及可见光-近红外波段，并基于该系统进行了多种地物的遥感探测实验，目标包含不同的植被和矿石标本，验证了该系统的光谱探测可行性。

于 2018 年研制了探测距离超过 30 m、平均光谱分辨率 10 nm 的一种可调谐高光谱激光雷达系统，其有效工作波长范围在 650～900nm，并应用于植被光谱探测（Chen et al.，2019）。随后研制了液晶可调谐滤波高光谱激光雷达，有效可探测光谱范围为 550～720nm，并利用其红边光谱通道进行植被生化组分探测（Li et al.，2019）。

武汉大学的相关实验室也开展了高光谱激光雷达仪器研制的相关工作。该实验室研制了 4 波段的高光谱激光雷达（Gong et al.，2012），鉴于该仪器的研制是为了进行氮素胁迫方面的植被应用，所以选择 556nm、670nm、700nm 和 780nm 四个波长作为该仪器的探测波段，这四个波段对叶片氮素和叶绿素含量都很敏感。高光谱激光原始反向散射强度与 ASD 光谱仪（ASD 公司，美国）反射率之间的 R^2 变化范围为 0.4185～0.7084，在进行反向散射反射率校正后，二者之间的相关性明显提升，R^2 均高于 0.79。随后，该实验室将高光谱激光雷达的光谱波段拓展为 32 个波段（Du et al.，2016），利用光谱响应范围为 300～920nm 的 APD 矩阵将接收的光信号转换为电信号，32 个光谱波段的覆盖范围拓展为 538～910nm（表 1-1）。

2. 高光谱激光雷达植被应用研究

相比于传统被动遥感，高光谱激光雷达可以实现对目标物的主动探测，受阴影干扰较小，且其数据获取不需要依赖阳光，白天和夜间均可进行，适用于对目标物的长时间连续性监测。Chen 等（2018）利用高光谱激光雷达的 17 个光谱波段对七种矿石进行了分类，分类器采用支持向量机（support vector machine，SVM）；当 17 个光谱波段全部作为输入变量时，分类精度达到 100%，且短波红外区域对矿石分类具有最大的贡献率。其研究组随后对该仪器对矿石分类的应用作了进一步研究（Shao et al.，2019），利用将光谱波段拓展为 91 波段的高光谱激光雷达探讨了逻辑回归、SVM 和贝叶斯回归三种回归方法在矿石分类方面的优缺点。考虑到高光谱激光雷达的夜间探测能力，Puttonene 等（2015）利用高光谱激光雷达对人造物进行长达 26 小时的连续观测。结果证明，高光谱激光雷达在夜间同样具有很高的探测精度，对目标物的分类精度可达 80.9%，且光谱信息的加入对提升分类精度有显著效果。

高光谱激光雷达点云数据同时具有空间信息和光谱信息，将这两种互补信息进行结合会在很大程度上提高对目标物定量化和定性化的监测能力，针对高光谱激光雷达数据特性的分类和分割方法也逐步发展起来。Chen 等（2017）提出了同时基于光谱信息和空间信息的地物分类的步骤：在利用传统分类方法基于光谱信息对目标物进行大致分类后，利用 k 近邻分类算法基于目标点的空间信息对点云中的三维点做进一步的分类。随后，该研究团队提出了一种高光谱点云分类的新方法（Chen，2020），将光谱信息从 R-G-B 色彩空间中转为色调-饱和度-强度色彩空间，然后以色调、饱和度以及强度信息作为分类器的输入参数进行目标物分类，这种分类方法可以削减由测量几何带来的分类误差，且适用于具有不同光谱波段数目的高光谱激光雷达。

高光谱激光雷达具有丰富的光谱信息，因此在理论上具备对植被生化组分的估算潜力。为验证该仪器的现有波段对不同生化组分的反演精度，研究者们利用叶片、火炬花植株等目标物对高光谱激光雷达的反演能力进行了初步探测。Hakala 等（2015）选择 27

个传统植被指数，探究基于高光谱激光雷达波段的这些指数对针叶叶绿素含量的反演能力，结果发现修改后的叶绿素吸收比率指数（modified chlorophyll absorption ratio index，MCARI[750，705]）以及简单比值植被指数（modified simple ratio，MSR）反演叶绿素效果最优。Hakala 等（2012）构建了云杉植株的归一化植被指数、水分含量指数以及修改后的叶绿素吸收比率指数的点云分布。Junttila 等（2015）利用水分指数和 NDVI 对松树点云进行刻画，结果表明含水量不同的树木其植被指数也表现出不同的统计规律，证实了高光谱激光雷达对监测森林水分状况的应用潜力。高帅等（2018）基于获取的 HSL 的 32 波段全波形数据构建出扫描对象（火炬花）的 NDVI 和光化学反射指数（photochemical reflectance index，PRI）三维点云数据，并在实验室内利用萃取法获得叶绿素 a、叶绿素 b 以及类胡萝卜素与 NDVI 和 PRI 间的统计关系，从而分析得到扫描对象的生化组分在三维空间的垂直分布情况。Li 等（2014）基于 HSL 的 4 个波段（780nm、670nm、531nm、570nm）计算出 SR、NDVI、PRI 三种植被指数，开展了红花羊蹄甲、紫薇两种叶片叶绿素、胡萝卜素、氮素的提取试验，并与普通光谱仪进行对比，结果发现二者的变化趋势基本一致，与实验室化验分析比较表明其提取决策系数分别达到 0.85、0.71、0.51。

农业上也进行了高光谱激光雷达生理生化参数反演的相关应用，来探究高光谱激光雷达对农作物的监测能力。Bi 等（2020）对选择的比值和归一化植被指数反演玉米叶绿素含量的效果进行对比，发现 $CI_{red\ edge}$（红边叶绿素指数）指数表现最优，并将 $CI_{red\ edge}$ 指数应用于高光谱激光雷达三维点云，实现了对玉米上层和下层叶绿素含量的有效监测。Du 等（2021）利用植被指数探究了高光谱激光雷达对小麦孕穗期和抽穗期两个连续的生长时期氮素含量的监测能力；除传统的植被指数外，该研究还对不同的高光谱激光雷达波段以比值和归一化的形式进行组合，对比了各指数的反演能力。Du 等（2016）还基于支持向量机方法对四种不同氮素含量的水稻叶片进行氮素反演，结果显示，高光谱激光雷达的反射率信息和氮素含量有很高的相关性，且随着波段数目的增加，对氮含量不同的水稻叶片类别具有更高的分类精度，因此，基于 SVM 方法具有对水稻的氮素含量进行高精度估算的巨大潜力。研究人员对各非参数回归方法之间的反效果也同样进行了对比分析，武汉大学的 Sun 等（2017）基于 HSL 利用六种回归模型反演水稻氮素含量的精度，结果表明，后向传播神经网络对主动和被动数据均具有最优的通用性。辐射传输模型相比于植被指数和非参数回归方法具有更好的通用性，从机理上将光谱信息与植被属性关联起来。鉴于目前高光谱激光雷达的反射率信息信噪比比较低，无法和 ASD 的实测值完全吻合，因此基于辐射传输模型的反演研究比较少。Sun 等（2018）于 2017 年首次将高光谱激光雷达获取的水稻叶片 32 个波段的光谱反射率信息输入 PROSPECT-4 模型中，对水稻叶片的叶绿素含量进行反演，取得了比较理想的反演效果（R^2=0.55），初步证实了辐射传输模型对高光谱激光雷达光谱信息的适用性。随后，该学者基于 PROSPECT 模型对叶片水分含量和叶绿素的模拟结果，提出未来高光谱激光雷达的研制可以基于 680nm、716nm、1104nm、1882nm 和 1920nm 五个波段来进行植被叶绿素和水分的反演（Sun et al.，2019）。

1.3 章节概述

本书以新型高光谱激光雷达作为探测手段，综合项目组在植被理化参数反演方面的系列成果，首先，以本项目高光谱激光雷达系统为例，介绍了高光谱激光雷达原理及系统组成。其次，开展数据处理关键技术方面的研究，包括几何校正方法、辐射校正技术等，从而为定量遥感应用奠定基础。针对超连续谱激光光源分光波段多、不同波段间脉冲发射时刻不一致问题，开展超连续谱激光雷达系统脉冲延迟校正技术研究，尝试提高高光谱激光雷达测距精度。通过分析目标物激光脉冲波形特征，开展高光谱激光雷达绝对和相对辐射校正，提出快速准确获取辐射测量信号的方法。针对植被生理生化参数一体化提取中所存在的问题，在叶片尺度、单株尺度以及器官尺度三个尺度上开展对植株生理生化参数时空分布的反演研究。在叶片尺度上，基于分析高光谱激光雷达各光谱波段特性，初步探究该仪器的反向散射回波强度对叶绿素、氮素以及光合参数的反演能力。通过对激光雷达回波数据的入射角校正，将二维叶片模型拓展到三维冠层尺度，探究高光谱激光雷达构建的三维光谱点云在三维空间上对植株冠层结构参数和生化信息的刻画能力。在器官尺度上，探究高光谱激光雷达对植被各器官表型参数的提取能力，分析各理化参数随生长时期在空间上的分配转移机制。

本书的组织结构安排如下：

第 1 章，绪论，主要介绍本书的研究背景和意义、国内外相关研究现状等。

第 2 章，高光谱激光雷达原理及系统组成。主要介绍高光谱激光雷达原理和理论基础及其系统组成。

第 3 章，高光谱激光雷达数据处理关键技术。分析了研究高光谱激光雷达系统脉冲延迟效应影响以及介绍相应的校正方法和评价标准，进行了高光谱激光雷达辐射校正方法研究，探索多种扫描几何因素和反向散射强度关系，介绍并评价所提出的强度校正方法。

第 4 章，植被理化参数探测基础研究。分析了高光谱激光雷达对二维叶片理化参数的反演能力。

第 5 章，开展了植被叶片复杂反射特性分析与校正，并在此基础上提出了一种改进的 Poullain 模型开展高光谱激光雷达植被叶片入射角效应校正方法。

第 6 章，单株尺度的植株理化参数提取，包括对火炬花植株结构参数和生化组分的一体化提取、对玉米冠层垂直叶绿素的监测以及对冠层光合参数的三维刻画。

第 7 章，器官尺度的玉米植株表型参数提取，通过对玉米茎和叶器官上叶绿素和氮素的反演，来进一步分析在不同生长时期和健康状况下氮素的分配转移机制。

参考文献

程乾, 黄敬峰, 王人潮, 等. 2004. MODIS 植被指数与水稻叶面积指数及叶片叶绿素含量相关性研究. 应用生态学报, 15: 1363-1367.

高帅, 牛铮, 孙刚, 等. 2018. 高光谱激光雷达提取植被生化组分垂直分布. 遥感学报, 22: 737-744.
龚威, 史硕, 陈必武, 等. 2021. 对地观测高光谱激光雷达发展及展望. 遥感学报, 25(1): 501-513.
郭庆华, 刘瑾, 陶胜利, 等. 2014. 激光雷达在森林生态系统监测模拟中的应用现状与展望. 科学通报, (6): 20.
李旺, 牛铮, 王成, 等. 2015. 机载 LiDAR 数据估算样地和单木尺度森林地上生物量. 遥感学报, 19(4): 669-679.
李小文, 王锦地. 1995. 植被光学遥感模型与植被结构参数化. 北京: 科学出版社.
牛铮. 1997. 植被二向反射特性研究新进展. 遥感技术与应用, 12(3): 50-58.
牛铮, 陈永华, 隋洪智, 等. 2000. 叶片化学组分成像光谱遥感探测机理分析. 遥感学报, 4: 125-130.
牛铮, 王长耀. 2008. 碳循环遥感基础与应用. 北京: 科学出版社.
王纪华, 黄文江, 赵春江, 等. 2003. 利用光谱反射率估算叶片生化组分和籽粒品质指标研究. 遥感学报, 7(4): 277-284.
张小红. 2007. 机载激光雷达测量技术理论与方法. 武汉: 武汉大学出版社.
Alexander C, Tansey K, Kaduk J, et al. 2010. Backscatter coefficient as an attribute for the classification of full-waveform airborne laser scanning data in urban areas. ISPRS Journal of Photogrammetry and Remote Sensing, 65(5): 423-432.
Ali A M, Darvishzadeh R, Skidmore A K, et al. 2016. Estimating leaf functional traits by inversion of PROSPECT: Assessing leaf dry matter content and specific leaf area in mixed mountainous forest. International Journal of Applied Earth Observation and Geoinformation, 45: 66-76.
Atzberger C, Darvishzadeh R, Immitzer M, et al. 2015. Comparative analysis of different retrieval methods for mapping grassland leaf area index using airborne imaging spectroscopy. International Journal of Applied Earth Observation & Geoinformation, 43: 19-31.
Bai J, Gao S, Niu Z, et al. 2021. A novel algorithm for leaf incidence angle effect correction of hyperspectral LiDAR. IEEE Transactions on Geoscience and Remote Sensing: 1-9.
Barton C, North P. 2001. Remote sensing of canopy light use efficiency using the photochemical reflectance index: Model and sensitivity analysis. Remote Sensing of Environment, 78(3): 264-273.
Behmann J, Mahlein A K, Paulus S, et al. 2015. Calibration of hyperspectral close-range pushbroom cameras for plant phenotyping. ISPRS Journal of Photogrammetry and Remote Sensing, 106: 172-182.
Berger K, Verrelst J, Fére T J B, et al. 2020. Crop nitrogen monitoring: Recent progress and principal developments in the context of imaging spectroscopy missions. Remote Sensing of Environment, 242: 111758.
Bi K. 2020. Simultaneous extraction of plant 3-D biochemical and structural parameters using hyperspectral LiDAR. IEEE Geoscience and Remote Sensing Letters, (99): 1-5.
Bi K, Xiao S, Gao S, et al. 2020. Estimating vertical chlorophyll concentrations in maize in different health states using hyperspectral LiDAR. IEEE Transactions on Geoscience and Remote Sensing, (99): 1-9.
Bratsch S, Epstein H, Buchhorn M, et al. 2017. Relationships between hyperspectral data and components of vegetation biomass in Low Arctic tundra communities at Ivotuk, Alaska. Environmental Research Letters, 12(2): 025003.
Calders K, Newnham G, Burt A, et al. 2014. Nondestructive estimates of above—ground biomass using terrestrial laser scanning. Methods in Ecology and Evolution, 6(2): 198-208.
Calders K, Adams J, Armston J, et al. 2020. Terrestrial laser scanning in forest ecology: Expanding the

horizon. Remote Sensing of Environment, 251: 112102.

Chen B. 2020. Using HSI Color Space to Improve the Multispectral LiDAR Classification Error Caused by Measurement Geometry. IEEE Transactions on Geoscience and Remote Sensing, 59(4): 3567-3579.

Chen B, Shi S, Wei G, et al. 2017. Multispectral LiDAR point cloud classification: A two-step approach. Remote Sensing, 9(4): 373.

Chen J M, Pavlic G, Brown L, et al. 2002. Derivation and validation of Canada-wide coarse-resolution leaf area index maps using high-resolution satellite imagery and ground measurements. Remote Sensing of Environment, 80(1): 165-184.

Chen Y, Esa R, Sanna K, et al. 2010. Two-channel hyperspectral LiDAR with a supercontinuum laser source. Sensors, 10(7): 7057-7066.

Chen Y, Jiang C, Hyyppä J, et al. 2018. Feasibility study of ore classification using Active hyperspectral LiDAR. IEEE Geoscience & Remote Sensing Letters, (99): 1-5.

Chen Y, Li W, Hyypp J, et al. 2019. A 10-nm spectral resolution hyperspectral LiDAR system based on an acousto-optic tunable filter. Sensors, 19(7).

Cheng T, Song R, Li D, et al. 2017. Spectroscopic estimation of biomass in canopy components of paddy rice using dry matter and chlorophyll indices. Remote Sensing, 9(4): 319.

Coren F, Sterzai P. 2006. Radiometric correction in laser scanning. International Journal of Remote Sensing, 27(15): 3097-3104.

Dawson T P, Curran P J, Plummer S E. 1998. LIBERTY—modeling the effects of leaf biochemical concentration on reflectance spectra. Remote Sensing of Environment, 65(1): 50-60.

Delegido J, Verrelst J, Meza C M, et al. 2013. A red-edge spectral index for remote sensing estimation of green LAI over agroecosystems. European Journal of Agronomy, 46: 42-52.

Du L, Gong W, Shi S, et al. 2016. Estimation of rice leaf nitrogen contents based on hyperspectral LiDAR. International Journal of Applied Earth Observation & Geoinformation, 44: 136-143.

Du L, Zhili J, Chen B, et al. 2021. Application of hyperspectral LiDAR on 3D chlorophyll-nitrogen mapping of rohdea japonica in laboratory. IEEE Journal of Selected Topics in Applied Earth Observations and Remote Sensing: 1.

Duan S B, Li Z L, Wu H, et al. 2014. Inversion of the PROSAIL model to estimate leaf area index of maize, potato, and sunflower fields from unmanned aerial vehicle hyperspectral data. International Journal of Applied Earth Observation and Geoinformation, 26: 12-20.

Eitel J U H, Vierling L A, Long D S. 2010. Simultaneous measurements of plant structure and chlorophyll content in broadleaf saplings with a terrestrial laser scanner. Remote Sensing of Environment, 114(10): 2229-2237.

Eitel J U H, Vierling L A, Long D S, et al. 2011. Early season remote sensing of wheat nitrogen status using a green scanning laser. Agricultural and Forest Meteorology, 151(10): 1338-1345.

Eitel J U H, Magney T S, Vierling L A, et al. 2014a. LiDAR based biomass and crop nitrogen estimates for rapid, non-destructive assessment of wheat nitrogen status. Field Crops Research, 159: 21-32.

Eitel J U H, Magney T S, Vierling L A, et al. 2014b. Assessment of crop foliar nitrogen using a novel dual-wavelength laser system and implications for conducting laser-based plant physiology. ISPRS Journal of Photogrammetry and Remote Sensing, 97: 229-240.

Eitel J U H, Magney T S, Vierling L A, et al. 2016. An automated method to quantify crop height and calibrate

satellite-derived biomass using hypertemporal LiDAR. Remote Sensing of Environment, 187: 414-422.
Elnashef B, Filin S, Ran N L. 2019. Tensor-based classification and segmentation of three-dimensional point clouds for organ-level plant phenotyping and growth analysis. Computers and Electronics in Agriculture, 156: 51-61.
Fei Y, Jiulin S, Hongliang F, et al. 2012. Comparison of different methods for corn LAI estimation over northeastern China. International Journal of Applied Earth Observation and Geoinformation, 18: 462-471.
Feret J B, François C, Asner G P,et al. 2015. PROSPECT-4 and 5: Advances in the leaf optical properties model separating photosynthetic pigments. Remote Sensing of Environment, 112(6): 3030-3043.
Gao S, Niu Z, Sun G,et al. 2015. Height extraction of maize using airborne full-waveform LiDAR data and a deconvolution algorithm. IEEE Geoscience and Remote Sensing Letters, 12(9): 1978-1982.
Gao S, Niu Z, Sun G, et al. 2016. Extraction of the vertical distribution of biochemical parameters using hyperspectral lidar. 2016 IEEE International Geoscience and Remote Sensing Symposium: 1761-1764.
Gastellu-Etchegorry J P, Demarez V, Bruniquel V, et al. 1996. Modeling radiative transfer in heterogeneous 3-D vegetation canopies. Remote Sensing of Environment, 58(2): 131-156.
Gaulton R, Danson F M, Ramirez F A, et al. 2013. The potential of dual-wavelength laser scanning for estimating vegetation moisture content. Remote Sensing of Environment, 132: 32-39.
Gewali U B, Monteiro S T, Saber E S. 2018. Machine learning based hyperspectral image analysis: a survey. ArXiv, abs/1802.08701.
Gong W, Song S, Zhu B, et al. 2012. Multi-wavelength canopy LiDAR for remote sensing of vegetation: Design and system performance. Isprs Journal of Photogrammetry & Remote Sensing, 69(3): 1-9.
Govaerts Y M, Jacquemoud S, Verstraete M M, et al. 1996. Three-dimensional radiation transfer modeling in a dicotyledon leaf. Applied Optics, 35(33): 6585-6598.
Hakala T, Suomalainen J, Kaasalainen S, et al. 2012. Full waveform hyperspectral LiDAR for terrestrial laser scanning. Opt Express, 20(7): 7119.
Hakala T, Nevalainen O, Kaasalainen S, et al. 2015. Technical Note: Multispectral lidar time series of pine canopy chlorophyll content. Biogeosciences, 12(5): 1629-1634.
Heiskanen J, Rautiainen M, Stenberg P, et al. 2013. Sensitivity of narrowband vegetation indices to boreal forest LAI, reflectance seasonality and species composition. ISPRS Journal of Rhotogrammetry and Remote Sensing, 78: 1-14.
Höfle B. 2014. Radiometric correction of terrestrial LiDAR point cloud data for individual maize plant detection. IEEE Geoscience & Remote Sensing Letters, 11(1): 94-98.
Höfle B, Pfeifer N. 2007. Correction of laser scanning intensity data: Data and model-driven approaches. Isprs Journal of Photogrammetry & Remote Sensing, 62(6):433.
Hopkinson C, Lovell J, Chasmer L, et al. 2013. Integrating terrestrial and airborne lidar to calibrate a 3D canopy model of effective leaf area index. Remote Sensing of Environment, 136: 301-314.
Hosoi F, Omasa K. 2009. Estimating vertical plant area density profile and growth parameters of a wheat canopy at different growth stages using three-dimensional portable lidar imaging. Isprs Journal of Photogrammetry & Remote Sensing, 64(2): 151-158.
Hu P, Huang H, Chen Y, et al. 2020. Analyzing the angle effect of leaf reflectance measured by indoor hyperspectral light detection and ranging (LiDAR). Remote Sensing, 12(6): 919.
Huang Y, Tian Q, Wang L, et al. 2014. Estimating canopy leaf area index in the late stages of wheat growth

using continuous wavelet transform. Journal of Applied Remote Sensing, 8(1): 083517.

Jensen R R, Hardin P J, Hardin A J. 2012. Estimating urban leaf area index (LAI) of individual trees with hyperspectral data. Photogrammetric Engineering & Remote Sensing, 78(5): 495-504.

Jin S, Su Y, Wu F, et al. 2018. Stem-leaf segmentation and phenotypic trait extraction of individual maize using terrestrial LiDAR data. IEEE Transactions on Geoscience and Remote Sensing, (99): 1-11.

Jin S, Su Y, Song S, et al. 2020. Non-destructive estimation of field maize biomass using terrestrial LiDAR: An evaluation from plot level to individual leaf level. Plant Methods, 16: 69.

Jin S, Sun X, Wu F, et al. 2021. LiDAR sheds new light on plant phenomics for plant breeding and management: Recent advances and future PROSPECTS. ISPRS Journal of Photogrammetry and Remote Sensing, 171: 202-223.

Juan R, Jochem V, Ganna L, et al. 2013. Multiple cost functions and regularization options for improved retrieval of leaf chlorophyll content and LAI through inversion of the PROSAIL model. Remote Sensing, 5(7): 3280-3304.

Junttila S, Kaasalainen S, Vastaranta M, et al. 2015. Investigating bi-temporal hyperspectral LiDAR measurements from declined trees—Experiences from laboratory test. Remote Sensing, 7(10): 13863-13877.

Kaasalainen S, Lindroos T, Hyyppa J. 2007. Toward hyperspectral LiDAR: Measurement of spectral backscatter intensity with a supercontinuum laser source. IEEE Geoscience & Remote Sensing Letters, 4(2): 211-215.

Kaasalainen S, Jaakkola A, Kaasalainen M, et al. 2011. Analysis of incidence angle and distance effects on terrestrial laser scanner intensity: Search for correction methods. Remote Sensing, 3(10): 2207-2221.

Kalacska M, Lalonde M, Moore T R. 2015. Estimation of foliar chlorophyll and nitrogen content in an ombrotrophic bog from hyperspectral data: Scaling from leaf to image. Remote Sensing of Environment, 169: 270-279.

Knyazikhin Y, Schull M A, Stenberg P, et al. 2013. Hyperspectral remote sensing of foliar nitrogen content. Proceedings of the National Academy of Sciences, 110(3): E185-192.

Koenig K, Hoefle B, Haemmerle M, et al. 2015. Comparative classification analysis of post-harvest growth detection from terrestrial LiDAR point clouds in precision agriculture. Isprs Journal of Photogrammetry & Remote Sensing, 104(jun.): 112-125.

Kross A, McNairn H, Lapen D, et al. 2015. Assessment of RapidEye vegetation indices for estimation of leaf area index and biomass in corn and soybean crops. International Journal of Applied Earth Observation and Geoinformation, 34: 235-248.

Kukkonen M, Maltamo M, Korhonen L, et al. 2019. Comparison of multispectral airborne laser scanning and stereo matching of aerial images as a single sensor solution to forest inventories by tree species. Remote Sensing of Environment, 231: 111208.

Lewis P, Muller J P. 1993. The advanced radiometric ray tracer: ARARAT for plant canopy reflectance simulation. Proc. 29th Conf. Int. Soc. Photogramm. Remote Sens., 29.

Li H, Zhao C, Huang W, et al. 2013. Non-uniform vertical nitrogen distribution within plant canopy and its estimation by remote sensing: A review. Field Crops Research, 142: 75-84.

Li P, Zhang X, Wang W, et al. 2020. Estimating aboveground and organ biomass of plant canopies across the entire season of rice growth with terrestrial laser scanning. International Journal of Applied Earth

Observation and Geoinformation, 91: 102132.

Li W, Sun G, Niu Z, et al. 2014. Estimation of leaf biochemical content using a novel hyperspectral full-waveform LiDAR system. Remote Sensing Letters, 5(8): 693-702.

Li W, Niu Z, Sun G, et al. 2016. Deriving backscatter reflective factors from 32-channel full-waveform LiDAR data for the estimation of leaf biochemical contents. Opt Express, 24(5): 4771-4785.

Li W, Jiang C, Chen Y, et al. 2019. A liquid crystal tunable filter-based hyperspectral LiDAR system and its application on vegetation red edge detection. IEEE Geoscience Remote Sensing Letters: 1-5.

Lin D, Wei G, Jian Y. 2018. Application of spectral indices and reflectance spectrum on leaf nitrogen content analysis derived from hyperspectral LiDAR data. Optics & Laser Technology, 107: 372-379.

Lin Y, West G. 2016. Retrieval of effective leaf area index (LAIe) and leaf area density (LAD) profile at individual tree level using high density multi-return airborne LiDAR. International Journal of Applied Earth Observation Geoinformation, 50: 150-158.

Liu H, Bruning B, Garnett T, et al. 2020. Hyperspectral imaging and 3D technologies for plant phenotyping: From satellite to close-range sensing. Computers and Electronics in Agriculture, 175: 105621.

Magney T S, Eusden S A, Eitel J U, et al. 2014. Assessing leaf photoprotective mechanisms using terrestrial LiDAR: Towards mapping canopy photosynthetic performance in three dimensions. New Phytol, 201(1): 344-356.

Magney T S, Eitel J U H, Griffin K L, et al. 2016. LiDAR canopy radiation model reveals patterns of photosynthetic partitioning in an Arctic shrub. Agricultural and Forest Meteorology, 221: 78-93.

Malambo L, Popescu S C, Horne D W, et al. 2019. Automated detection and measurement of individual sorghum panicles using density-based clustering of terrestrial lidar data. ISPRS Journal of Photogrammetry and Remote Sensing, 149(MAR.): 1-13.

Mallet C, Bretar F. 2009. Full-waveform topographic LiDAR: State-of-the-art. ISPRS Journal of Photogrammetry and Remote Sensing, 64(1): 1-16.

Mariotto I, Thenkabail P S, Huete A, et al. 2013. Hyperspectral versus multispectral crop-productivity modeling and type discrimination for the HyspIRI mission. Remote Sensing of Environment, 139: 291-305.

Morsdorf F, Kötz B, Meier E, et al. 2006. Estimation of LAI and fractional cover from small footprint airborne laser scanning data based on gap fraction. Remote Sensing of Environment, 104(1): 50-61.

Morsdorf F, Nichol C, Malthus T, et al. 2009. Assessing forest structural and physiological information content of multi-spectral LiDAR waveforms by radiative transfer modelling. Remote Sensing of Environment, 113(10): 2152-2163.

Neale C M U, Maltese A, Zhu X, et al. 2016. Retrieval of vertical leaf water content using terrestrial full-waveform LiDAR. 9998: 99981U.

Neinavaz E, Skidmore A K, Darvishzadeh R, et al. 2016. Retrieval of leaf area index in different plant species using thermal hyperspectral data. ISPRS Journal of Photogrammetry and Remote Sensing, 119: 390-401.

Niu Z. 2010. Nondestructive estimation of canopy chlorophyll content using Hyperion and Landsat/TM images. International Journal of Remote Sensing, 31(8): 2159-2167.

Niu Z, Xu Z, Sun G, et al. 2015. Design of a new multispectral waveform LiDAR instrument to monitor vegetation. IEEE Geoscience and Remote Sensing Letters, 12(7): 1506-1510.

Peng G, Ruiliang P, Biging G S, et al. 2003. Estimation of forest leaf area index using vegetation indices derived from hyperion hyperspectral data. IEEE Transactions on Geoscience and Remote Sensing, 41(6): 1355-1362.

Puttonen E, Hakala T, Nevalainen O, et al. 2015. Artificial target detection with a hyperspectral LiDAR over 26-h measurement. Optical Engineering, 54(1): 013105.

Qian X, Yang J, Shi S, et al. 2021. Analyzing the effect of incident angle on echo intensity acquired by hyperspectral LiDAR based on the Lambert-Beckman model. Opt Express, 29(7): 11055-11069.

Rall J, Knox R G. 2004. Spectral ratio biospheric LiDAR. IGARSS 2004. 2004 IEEE International Geoscience and Remote Sensing Symposium.

Richter T, Fukshansky L. 2010. Optics of a bifacial leaf: 1. a novel combined procedure for deriving the optical parameters. Photochemistry & Photobiology, 63(4): 507-516.

Rivera-Caicedo J P, Verrelst J, Muñoz-Marí J, et al. 2017. Hyperspectral dimensionality reduction for biophysical variable statistical retrieval. Isprs Journal of Photogrammetry & Remote Sensing, 132: 88-101.

Shao H, Chen Y, Yang Z, et al. 2019. A 91-channel hyperspectral LiDAR for coal/rock classification. IEEE Geoscience and Remote Sensing Letters, (99): 1-5.

Stovall A E L, Vorster A G, Anderson R S, et al. 2017. Non-destructive aboveground biomass estimation of coniferous trees using terrestrial LiDAR. Remote Sensing of Environment, 200: 31-42.

Su Y, Wu F, Ao Z, et al. 2019. Evaluating maize phenotype dynamics under drought stress using terrestrial lidar. Plant Methods, 15: 11.

Sun G, Niu Z, Gao S, et al. 2014. 32-channel hyperspectral waveform LiDAR instrument to monitor vegetation: Design and initial performance trials. Proceedings of SPIE—The International Society for Optical Engineering, 9263: 926331-926337.

Sun J, Yang J, Shi S, et al. 2017. Estimating rice leaf nitrogen concentration: Influence of regression algorithms based on passive and active leaf reflectance. Remote Sensing, 9(9): 951.

Sun J, Shi S, Yang J, et al. 2018. Estimating leaf chlorophyll status using hyperspectral LiDAR measurements by PROSPECT model inversion. Remote Sensing of Environment, 212: 1-7.

Sun J, Shi S, Yang J, et al. 2019. Wavelength selection of the multispectral LiDAR system for estimating leaf chlorophyll and water contents through the PROSPECT model. Agricultural and Forest Meteorology, 266: 43-52.

Suomalainen J, Hakala T, Kaartinen H, et al. 2011. Demonstration of a virtual active hyperspectral LiDAR in automated point cloud classification. Isprs Journal of Photogrammetry & Remote Sensing, 66(5): 637-641.

Tan S, Narayanan R M. 2004. Design and performance of a multiwavelength airborne polarimetric LiDAR for vegetation remote sensing. Applied Optics, 43(11): 2360-2368.

Tian Y C, Gu K J, Chu X, et al. 2014. Comparison of different hyperspectral vegetation indices for canopy leaf nitrogen concentration estimation in rice. Plant & Soil, 376(1-2): 193-209.

Tol C, Verhoef W, Timmermans J, et al. 2009. An integrated model of soil-canopy spectral radiances, photosynthesis, fluorescence, temperature and energy balance. Biogeosciences, 6(12): 3109-3129.

Tuia D, Verrelst J, Alonso L, et al. 2011. Multioutput support vector regression for remote sensing biophysical parameter estimation. IEEE Geoscience & Remote Sensing Letters, 8(4): 804-808.

Verhoef W. 1984. Light scattering by leaf layers with application to canopy reflectance modeling: The SAIL

Model. Remote Sensing of Environment, 16: 125-141.

Verrelst J, Camps-Valls G, Munoz-Mari J, et al. 2015. Optical remote sensing and the retrieval of terrestrial vegetation bio-geophysical properties—A review. Isprs Journal of Photogrammetry & Remote Sensing, 108(OCT.): 273-290.

Verrelst J, Malenovský Z, Tol C V D, et al. 2018. Quantifying vegetation biophysical variables from imaging spectroscopy data: A review on retrieval methods. Surveys in Geophysics, (2): 1-41.

Wallace A M, Mccarthy A, Nichol C J, et al. 2014. Design and evaluation of multispectral LiDAR for the recovery of arboreal parameters. IEEE Transactions on Geoscience & Remote Sensing, 52(8): 4942-4954.

Walter J D C, Edwards J, McDonald G, et al. 2019. Estimating biomass and canopy height with LiDAR for field crop breeding. Frontiers in Plant Science, 10: 1145.

Wang C, Nie S, Xi X, et al. 2016. Estimating the biomass of maize with hyperspectral and LiDAR data. Remote Sensing, 11(9): 1-12.

Woodhouse I H, Nichol C, Sinclair P, et al. 2011. A multispectral canopy LiDAR demonstrator project. IEEE Geoscience & Remote Sensing Letters, 8(5): 839-843.

Yang J, Du L, Cheng Y, et al. 2020. Assessing different regression algorithms for paddy rice leaf nitrogen concentration estimations from the first-derivative fluorescence spectrum. Opt Express, 28(13): 18728-18741.

Yao X, Huang Y, Shang G, et al. 2015. Evaluation of six algorithms to monitor wheat leaf nitrogen concentration. Remote Sensing, 7(11): 14939-14966.

Yu X W, Liang X, Hyyppae J, et al. 2013. Stem biomass estimation based on stem reconstruction from terrestrial laser scanning point clouds. Remote Sensing Letters, 4(4-6): 344-353.

Zarco-Tejada P J, Miller J R, Noland T L, et al. 2001. Scaling-up and model inversion methods with narrowband optical indices for chlorophyll content estimation in closed forest canopies with hyperspectral data. IEEE Transactions on Geoscience and Remote Sensing, 39(7): 1491-1507.

Zhang C, Gao S, Li W, et al. 2020. Radiometric calibration for incidence angle, range and sub-footprint effects on hyperspectral LiDAR backscatter intensity. Remote Sensing, 12(17): 2855.

Zhao C, Zhang Y, Du J, et al. 2019. Crop phenomics: current status and perspectives. Frontiers in Plant Science, 10: 714.

Zhu X, Wang T, Darvishzadeh R, et al. 2015. 3D leaf water content mapping using terrestrial laser scanner backscatter intensity with radiometric correction. ISPRS Journal of Photogrammetry and Remote Sensing, 110: 14-23.

Zhu X, Wang T, Skidmore A K, et al. 2017. Canopy leaf water content estimated using terrestrial LiDAR. Agricultural and Forest Meteorology, 232: 152-162.

第 2 章　高光谱激光雷达原理及系统组成

高光谱激光雷达对地探测系统的基本工作原理与传统激光雷达相似，即从一个具有高时间重复率的激光光源发射短激光脉冲，然后测量从目标返回传感器的目标反向散射信号。全波形高光谱激光雷达能够记录目标对激光脉冲响应的完整的回波信号，然后以极高的时间分辨率进行数字采样。不同的是高光谱激光雷达拥有多个波长通道，同时可以获取目标的几何结构信息和光谱信息。本章对高光谱激光雷达系统组成进行了详细的介绍，全系统采用发射单元、接收单元和扫描控制单元的一体化设计。激光雷达处理的是接收到反向散射波形信号，因此需要对激光雷达反向散射原理进行研究。针对新型的激光雷达原型系统，本章对该系统需要关注的影响数据质量的特性进行了分析概述，为后续的高光谱激光雷达数据处理以及地物光谱反射率探测提供理论依据。

2.1　激光雷达原理和理论基础

2.1.1　激光雷达探测原理

对于直接测距式脉冲激光雷达来说，系统主动发射并接收有一定重复频率的激光脉冲信号。激光雷达系统的探测部分主要由发射单元和接收探测单元组成。激光发射系统中激光器调制生成平行光且一定重复频率的脉冲信号形式，经发射光路准直后照射向目标物。接收单元收集目标反射回的光信号，通过光电探测器转换为电压或电流强度信号。

激光雷达系统的探测原理（图 2-1）是使用一个具有高时间重复率的激光器发射的窄激光脉冲，通过测量从目标返回传感器的往返时间来估算探测距离。激光雷达测距方法多采用脉冲飞行时间法。利用激光源对目标主动发射并接收激光脉冲，计算激光脉冲从系统到观测目标再返回系统的往返时间，根据光的传播速度和脉冲往返的时间可以计算目标到激光雷达系统的距离。已知光在空气中的传播速度为 c，激光脉冲的发射时刻为 t_{start}，脉冲的返回时刻为 t_{end}，两者的时间差为 Δt，则目标距离 R 由式（2.1）计算获得

$$R=\frac{c}{2}(t_{\text{end}}-t_{\text{start}}) \tag{2.1}$$

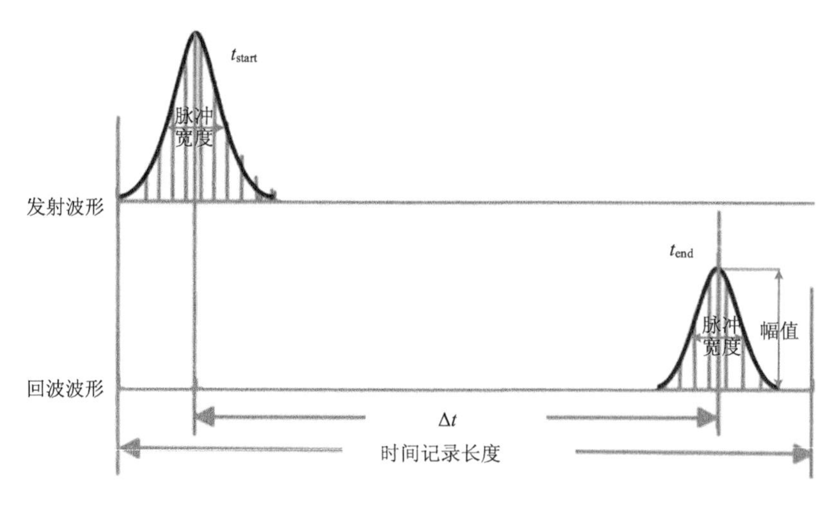

图 2-1　激光探测原理

全波形激光雷达系统是提供详细几何结构测量的重要工具。全波形激光雷达能够记录反向散射激光脉冲的整个回波信号，然后以极高的时间分辨率进行数字采样。记录的回波信号响应振幅剖面称为波形。此外，可以从波形中提取与被照射目标相关的潜在信息，如波形形状、面积、幅值强度等，这些信息直接关系到观测目标表面的几何结构和辐射特性。

2.1.2　激光雷达方程

激光雷达的工作原理与微波雷达相似，标准的激光雷达方程衍生自雷达方程（Wagner et al.，2006b）。激光雷达方程涵盖了激光雷达测量的基本原理。它通过考虑系统输出激光和目标物的特性来解释探测过程。激光雷达接收示意图如图 2-2 所示。激光雷达向目标发射一束窄的光束，光束照射目标物并反射回激光雷达系统的功率 P_r 可以表述为

$$P_r = \frac{P_t D^2}{4\pi R_t^4 \Omega_t^2}\sigma \tag{2.2}$$

式中，P_t 为激光的发射功率；D 为激光雷达的接收孔径；R_t 为激光探测距离；Ω_t 为激光发散角；σ 为后向散射截面：

$$\sigma = \frac{4\pi}{\Omega_s}\rho A_s \tag{2.3}$$

后向散射截面表示了目标的一种散射特性，它依赖于目标的有效光照面积 A_s、目标反射率 ρ 和散射的角度 Ω_s 等因素。

对于有复杂空间分布的散射体，如植被树木，激光沿着入射传输路径会先后照射到多层的枝叶，回波信号包含散射体在不同时间或者距离的回波共同作用的贡献。激光雷达双向探测原理如图 2-3 所示。假设复杂散射体由多层组成，每层的厚度为 R，每层的反向散射截面积为 $\sigma_i(R)$，每一层的平均距离为 R_i，则接收回波信号是不同距离的每层

回波的叠加。接收信号能量被认为是 N 个具有独立特性目标能量贡献之和：

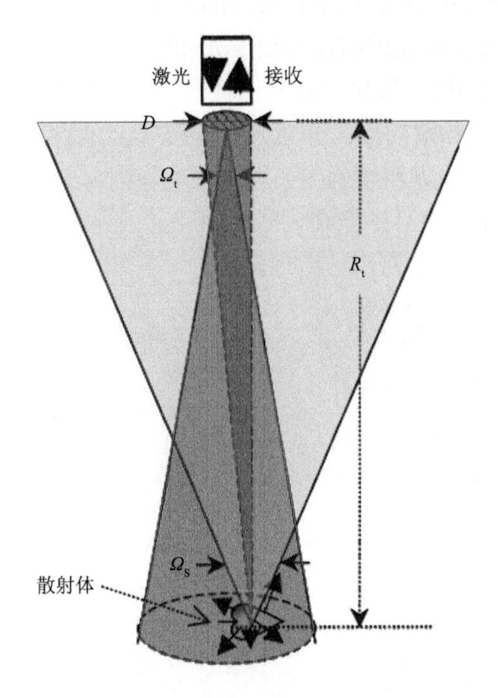

图 2-2　激光雷达接收示意图

$$P_r(t)=\sum_{i=1}^{N}P_{r,i}(t) \tag{2.4}$$

其中，$P_{r,i}(t)$ 为第 i 个物体的回波能量，其表达式为

$$P_{r,i}(t)=\frac{D^2}{4\pi R^4\Omega_t^2}\int_{R_i-\Delta R}^{R_i+\Delta R}P_t\left(t-\frac{2R}{c}\right)\sigma_i(R)\mathrm{d}R \tag{2.5}$$

式中，t 为时间；D 为光学接收器孔径；R 为探测距离；c 为激光在真空中的传播速度；$\sigma_i(R)\mathrm{d}R$ 为有效微分截面。其中，R_i 为平均距离，$\left[R_i-\Delta R, R_i+\Delta R\right]$ 为空间分布范围，$\sigma_i(R)$ 为有效微分散射截面。其回波信号可以看成发射脉冲和有效微分截面的卷积。当 $\Delta R<<R$ 时，有

$$P_{r,i}(t)\approx\frac{D^2}{4\pi R_i^4\Omega_t^2}P_t(t)\cdot\sigma_i'(t) \tag{2.6}$$

其中，$\sigma_i'(t)$ 为每个距离间隔中照射截面部分。接收信号能量最终表示为

$$P_r(t)=\sum_{i=1}^{N}\frac{D^2}{4\pi R_i^4\Omega_t^2}P_t(t)\cdot\sigma_i'(t) \tag{2.7}$$

Jelalian（1992）描述的雷达距离方程包括三个主要因素：传感器特性、目标特性和大气参数，这三个因素降低了发射信号功率。为了考虑传感器和大气造成的额外激光传输能量损失，引入了两个传输系数 η_{sys} 和 η_{atm}。

$$P_r = \frac{P_t D^2}{4\pi R_i^4 \Omega_t^2} \eta_{sys} \eta_{atm} \sigma \tag{2.8}$$

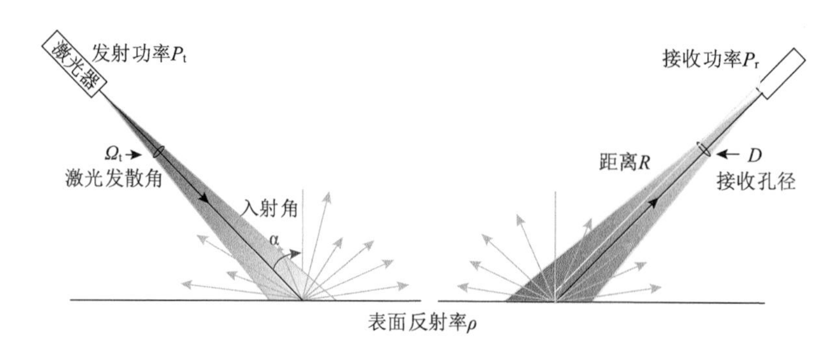

图 2-3　激光雷达双向探测原理

（左）具有给定光束宽度的激光束以入射角 α 向表面传输，从而在表面上形成光斑。根据表面反射率 ρ，光在返回途中会向各个方向散射。（右）接收器视野内的反射光。实际上，发射和接收器位于同一位置

根据以下假设，式（2.8）可以被进一步简化。首先，目标表面具有朗伯散射特性。其次，整个激光在一个目标表面上被反射，观测目标面积 A_s 为圆形，因此可以由激光束宽度 Ω_t 和探测距离 R 来定义。最后，目标具有发散立体角 π（Ω=2π，用于散射到半球）。如果入射角大于 0°（α>0°），则 σ 与 cosα 成函数关系（Jutzi and Stilla，2007）：

$$A_s = \frac{\pi R^2 \Omega_t^2}{4} \tag{2.9}$$

$$\sigma = \pi \rho R^2 \Omega_t^2 \cos\alpha \tag{2.10}$$

将式（2.10）代入雷达距离方程[式（2.8）]中，得到接收信号功率与距离平方成反比，与入射角度成正比，且激光发散角无关。接收信号功率最终表示为

$$P_r = \frac{P_t D^2 \rho}{4R^2} \eta_{sys} \eta_{atm} \cos\alpha \tag{2.11}$$

2.2　高光谱激光雷达系统组成

高光谱波形激光雷达主要由超连续谱脉冲激光器、二维扫描转台、安置在扫描转台的共轴发射接收系统、多通道全波形探测单元、主控机等组成，如图 2-4 所示。高光谱激光雷达光谱共 32 个波段，探测范围为 409～914nm。其中，超连续谱脉冲激光器的光谱范围为 450～2400nm，最大峰值功率约 20kW，发射脉冲半高宽度为 2～3ns，脉冲重复频率是 24kHz。激光器所发出的宽谱段激光经过准直器后变成汇聚的光束（发散角小于 3mrad），进入望远镜光轴并发射出去。其中一路经微分透镜分光探测后直接进入示波器作为发射信号用于示波器触发电平采集。被照射目标的散射光采用消色差折射式望远镜（焦距 400 mm，口径 80 mm）来接收，在望远镜后端焦点处进行收集，然后经光纤传输至光栅摄谱仪进行分光，得到 32 个不同中心波长的光，并投射到相应的线阵探测器上。光电探测器输出信号由切换开关矩阵分批次差时切换通过不同的波段，由高速示

波器完成回波波形实时采样和显示，采样后的数字化波形数据由控制主机完成存储。通过波形后处理算法可以得到带有光谱信息的三维点云数据。

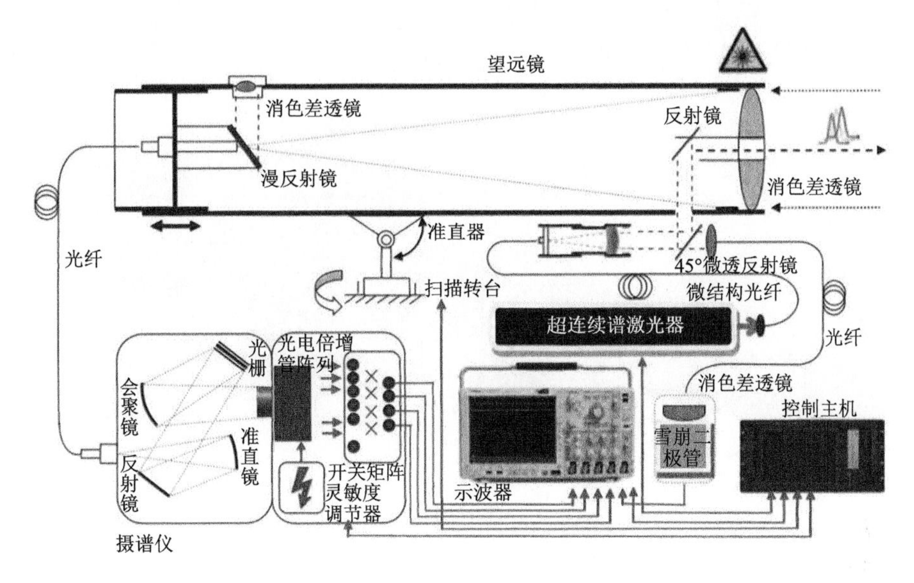

图 2-4　高光谱激光雷达光路图

2.2.1　高光谱激光雷达发射单元

1. 激光光源

多波长激光光源是高光谱激光雷达原型系统的重要组成部分。普通激光光源具有单色、定向、相干的特点，光束能量强，适于有源探测光源。但是，如果需要多个波长的激光信号，则需要宽谱段激光器。武汉大学的研究团队设计了一种多光谱成像光谱仪，该光谱仪通过使用四种不同波长的激光组合来进行目标观测。但是在实际应用中，考虑到成本和多个激光器占用的系统资源的问题，不能采用增加激光器数量的方式来实现高光谱激光雷达系统集成。

超连续谱激光光源，又称为白光光源，是一种新型的激光器。它具有宽谱段特性，光谱波段范围能从可见光至远红外波段，同时拥有常规激光的方向性和相干性以及强光质量，具有多个激光器组合工作才能达到的多光谱激光特性。超连续谱光源工作原理：通常以 1064nm 为种子光源，通过光纤非线性效应泵浦产生新的光谱成分，使光谱得到很大的展宽从而得到超连续谱光。通过准直后宽谱光具有很小的发散角，能量较为集中。因此，超连续激光光源非常适合作为高光谱激光雷达的光源。本书重点介绍以光纤为非线性介质的超连续谱激光光源（以 NKT SuperK Compact 为例）。超连续谱激光器如图 2-5 所示。

超连续谱激光器参数如下：

光谱范围：430～2400nm。

平均输出功率：100mV。

光谱稳定性：<0.14db/h。

脉冲重复频率：24kHz。
脉冲宽度：约 2ns。
激光发散角：约 3mrad。
输出方式：高斯脉冲，单模，准直光。

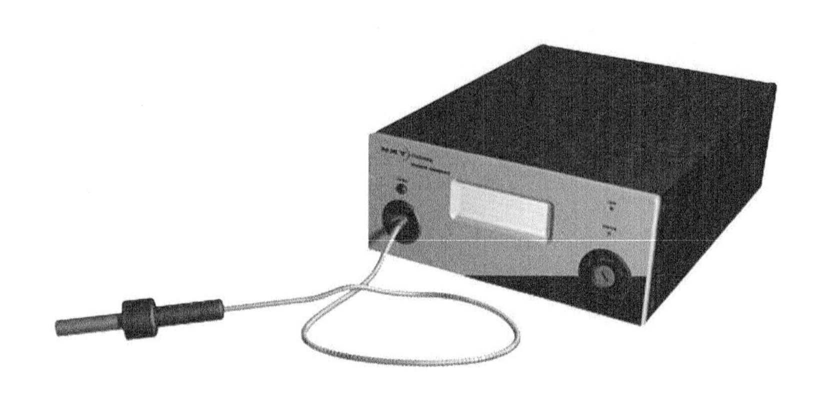

图 2-5　超连续谱激光器

2. 发射接收光学系统

发射接收光学系统的主光路如图 2-6 所示。发射光路上放置一面 45°微透分束取样镜，准直器输出的准直光投射到微分透镜上，大部分的光反射到望远镜周内的反射镜上，再次反射出去。还有一小部分光透过微透分束取样镜投射到发射探测器上进行发射波形测量，该采样波形经光电转换后用来触发一次回波测量。望远镜的透镜中心开孔 20mm，作为同轴光路中的激光输出通道。

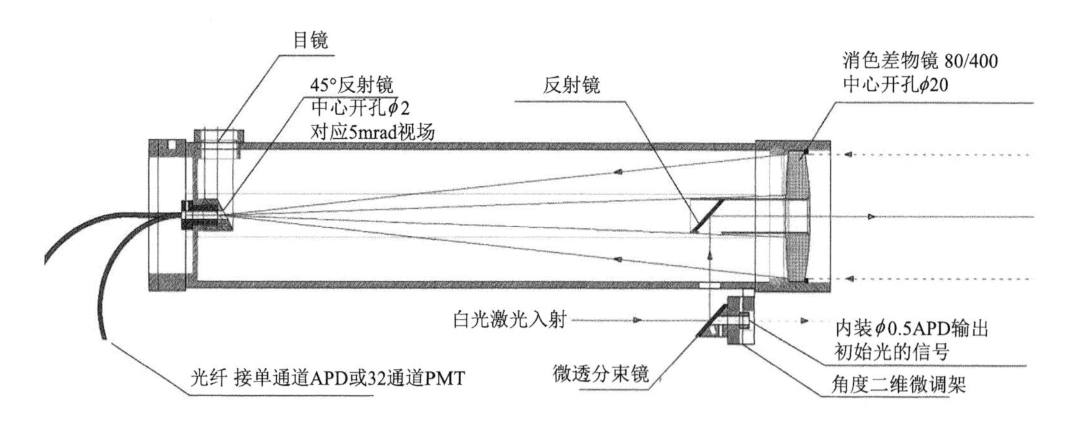

图 2-6　发射光路设计图

接收光路的信号收集装置为望远镜、二维角度微调架和调焦观测目镜。相对于传统的雷达，望远镜为激光雷达的天线。采用望远镜对观测目标的视场进行限制，避免过多的杂散光进入测量光路。本书使用折射式望远镜作为回波信号接收的光学前端。采用的折射式望远镜使用消色差透镜作为物镜，根据屈光原理成像，其特点是成像鲜明，焦距长，并能将不同波长的光都能聚焦在同一个焦平面上。

光学系统焦距：400 mm。

光学孔径：80mm。

发射和接收方式：共轴收发。

最佳探测距离：8m。

激光发散角：约 3mrad。

接收系统集成有 Pritchard 瞄准系统，望远镜焦点处安装 45°反射镜，该反射镜中心开孔直径 2mm，对应着 4～5mrad 的视场，该视场即被测目标所对应的视场。通过对二维角度微调架调整来瞄准。投射到反射镜开孔外的光线代表了目标视场周围的环境，该部分环境光经 45°反射镜反射到瞄准目镜上，同时目标视场所对应的 2mm 开孔以一个黑点的形式叠加到环境视野的成像中，该黑点即当前激光雷达的精确测量点，即测量目标是准确瞄准的。望远镜的焦点处安装有光纤，经光纤传输到分光系统。整个镜筒固定快接板，可以方便和三脚架或旋转扫描云台连接。

2.2.2 高光谱激光雷达接收探测单元

1. 分光系统

分光系统的功能是将由具有不同波长的“复合光”分成一系列单一波长的单色光。实际情况下 100%纯度的单色光很难获取，通常所说的单色光仍有一定的光谱宽度范围，我们用中心波长来定义具有窄带谱宽的单色光的波长。同样地，对于高光谱激光雷达来说，进行激光雷达目标探测的基础是能够实现不同光谱波段的分光。

根据分光机理的不同，光谱分光模块有：滤光片、色散棱镜、衍射光栅、声光可调谐滤光片等（许洪和王向军，2007）。滤光片是多光谱仪常用的分光元件，其表面附有光学薄膜，利用干涉原理只允许特定波段范围的入射光穿过，一个滤光片最多只能滤光得到一束单色光。棱镜分光根据在同一介质中不同波长光的折射率的差异来实现分光。采用棱镜方式分光性能较低，并且分光后得到的波长谱线位置分布并不均匀，已逐步被光栅分光所替代。光栅分光利用了光的衍射原理，不同波长的光通过光栅分光后获得衍射图谱且中心波长的位置分布均匀。此外，光栅具有宽的光谱分光范围，且得到的光谱分辨率较高。光栅分光设计结构简洁，具备较低的吊装要求，是应用最广泛的分光方式。声光可调谐滤波片（AOTF）（Chen et al.，2019）的原理是通过改变入射射频信号的通过频率完成宽谱光至单色光的切换输出。一些波长的入射光经该系统输出后能量衰减较多，且目前只允许最多 8 个特定波长分光筛选输出。

综合分析不同分光模块的性能，我们选用了光栅分光方式对高光谱激光雷达光源的反向散射“复合光”进行分光，获取具有均匀稳定光谱分辨率的高光谱波长光。以下为本书采用的光栅分光单元具体的参数，表 2-1 为具体波段号和对应的中心波长。

光栅类型：平面刻画反射光栅。

光谱范围：409～914nm。

光谱分辨率：16nm。

波段数量：32。

表 2-1　波段号和对应的中心波长

波段号	1	2	3	4	5	6	7	8
波长/nm	914	898	882	865	849	833	816	800
波段号	9	10	11	12	13	14	15	16
波长/nm	784	768	751	735	719	703	686	670
波段号	17	18	19	20	21	22	23	24
波长/nm	653	637	621	605	589	572	556	540
波段号	25	26	27	28	29	30	31	32
波长/nm	523	507	491	474	458	442	426	409

2. 光电探测器

激光雷达回波信号探测是光电转换的过程，激光照射向目标经过吸收和散射后的回波信号会衰减很多，因此，回波弱信号探测技术是激光雷达的关键技术之一。对于全波形激光雷达的窄脉冲信号，根据脉冲飞行时间测距，需要探测器具有非常快的响应时间。此外，回波信号为能量微弱的光信号，需要采用特殊的光电探测器。针对激光雷达的弱回波信号的光电探测，常用的探测器为雪崩二极管（APD）和光电倍增管（photomultiplier tube，PMT）。

雪崩二极管是利用电子空穴对的雪崩倍增效应将入射光子形成的电子加压倍增以提高对微弱光信号探测灵敏度的光电转换器件，兼具功耗低、量子等效优点和增益低、噪声大等缺点。光电倍增管是根据外光电效应和二次电子发射效应而设计的光电转换器件（马鹏阁，2017）。光电倍增管工作过程是将入射光子在光阴极面由外光电效应受激产生电子，电子在聚焦电极作用下汇聚到打拿极，随后相继经过各打拿极二次电子倍增产生更多的电子，最后经阳极输出。由于使用了二次发射倍增设计，光电倍增管不仅探测灵敏度高和噪声低，还具有探测光谱范围宽、时间响应速度快等特点。

前面介绍的探测器元件每次只能获取一个波段的强度值，而线阵式探测器配合分光系统则每次可以获取一行光谱信号的数据。如图 2-7 所示，以独立的多个阳极读取的线阵分布的“复合光”的方法已经被产品化了。多通道的线阵型多阳极光电倍增管，由于是一元阵列，所以主要被作为多通道分光检测器使用。特别是 32 通道，适合与光栅分光搭配设计，能够将光学系统和探测器紧密安置在一起，从而提高仪器系统集约化程度。因此，本书选用滨松公司 H7260-20 型 32 通道多阳极线阵光电倍增管作为高光谱激光雷达的光电探测器件。

单通道有效探测面积：0.8mm×7mm。

光谱响应范围：400～920nm。

响应峰值波长：630nm。

上升时间：0.6ns。

最大增益：1×10^6。

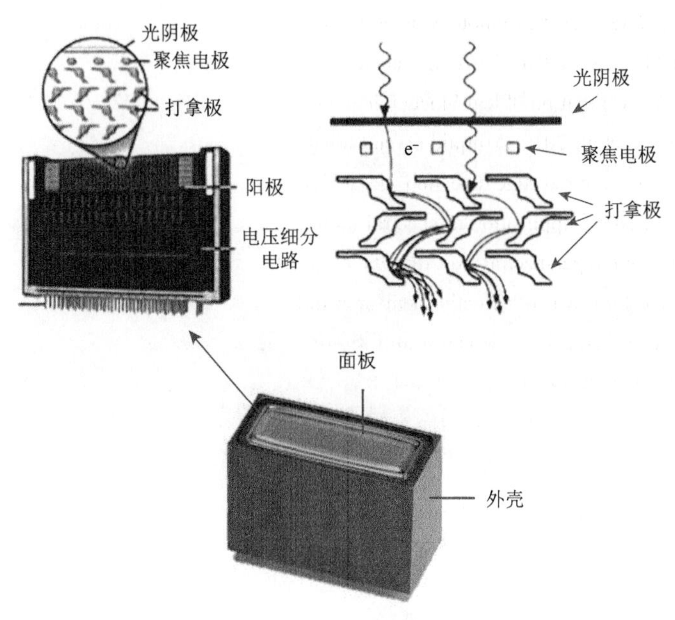

图 2-7　多阳极线阵光电倍增管及结构示意图

3. 信号采集

激光器发射激光脉冲的脉宽越窄，则基于波形处理的测距精度及距离分辨率就越高，测量就越精细。为了实现精细的高光谱激光雷达波形记录，需要将接收信号进行实时模数转换并且以极高的时间分辨率实现波形采集。本书采用的激光器脉冲宽度约为2～3ns，为了满足高质量回波波形信息的采集要求，需要信号采集系统具有至少 2GS/s 的采样率。

高速数据采集系统可以将探测得到的信号以极高的速度和时间分辨率转换成数字信号输出或存储到计算机中后处理。采集卡的选择需要考虑采样率、通道数和分辨率三个因素。采样率对应于信号的采样精度，采样率越高对原始信号的还原越精确。通道数越多，可同步采集的波段通道越多，采集效率越快。分辨率越高，信号损耗越少。如专用的 PCIe 数据采集卡 ADQ7 拥有双通道，每个通道 14 位分辨率，5GS/s 采样率，带宽可达 2.5GHz，具有采集精度高、采集速度快等优点。

另一种实现高速数据采集的方案是使用具有存储功能的示波器来实现波形记录。作为首套高光谱激光雷达样机系统，为了实时显示和处理脉冲波形，我们选用高性能的数字存储示波器来采集波形信号，其在保证高质量采集波形信息的同时，可以有效显示查验波形实时状态，以便对各种物理量状态监控。示波器用于测量和显示随时间变化的电子信号，并以波形或脉冲的形式展现。以 DPO5204S 示波器为例（图 2-8），该型示波器拥有四个采集测量通道。分光探测后的每个波段信号在采集之前进入输入通道，并在通道内进行 A/D 模数转换变为数字信号。示波器分别对不同通道的数字信号取样采集提取波形数据。采集的波形信号数据通过以太网线传输到主控电脑中。高光谱激光雷达所存储的数据为各个波段的波形数据（DN 值），通过示波器还可以对信号状态进行控制和实时监测。

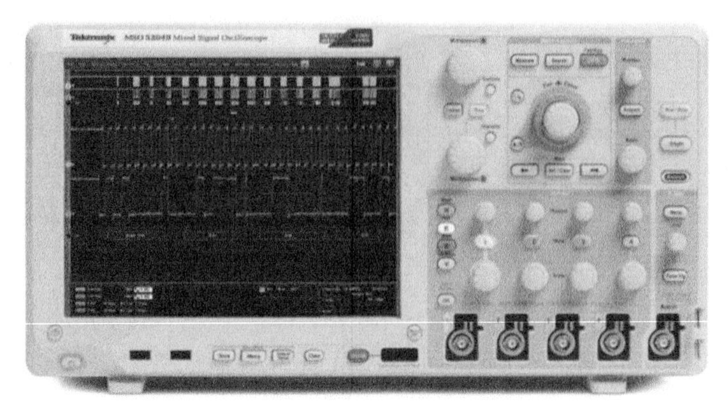

图 2-8　DPO5204S 示波器前面板

带宽：2GHz，可选。

模拟通道：4。

采样率：5GS/s（四条通道）；10GS/s（一条/两条通道）。

记录长度：25M 样点～125M 样点。

为了避免大规模存储和波形信息冗余，示波器会对波形信息进行采样处理。其中，常用的采样方式有取样模式和取平均模式（图 2-9）。取样模式选取每个采集间隔内的第一个信号点。取平均模式对多个重复脉冲信号采样记录的样点计算平均值，该模式可以降低噪声。实际测量时，我们采用取平均模式，以减少噪声对有效信号的影响。

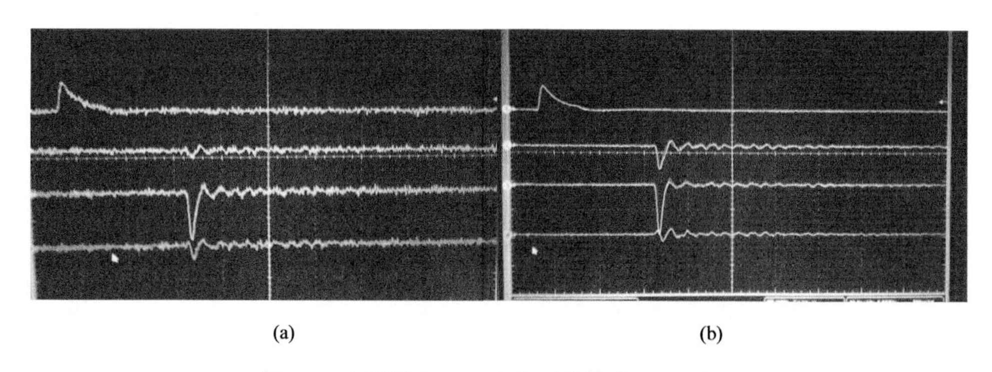

(a)　　　　(b)

图 2-9　取样模式（a）和取平均模式（b）波形

此外，需要注意的是，无论采用何种激光雷达系统，都会有一定的数字化采样周期，波形不是完整记录的，而是仅针对预定义的最大样本数。事实上，有必要避免大规模存储问题。例如，TopEye MarkII 系统根据预定义模式保存 128 个采样点，这意味着，如果树木的高度超过系统的最大记录长度，全波形系统将不会在给定的波形内记录来自树冠和地面的回波。根据高光谱激光雷达采样率和有效探测距离，我们对每个脉冲选取 1000 个采样点，相当于记录最远 30m 目标回波信号。

4. 射频切换开关

由于采集系统通道数量的限制（示波器允许最多四通道数据同步），我们无法将分光探测后的 32 路信号使用一个采集单元进行同步采集。在实际应用中，不能无限制地增加采集单元来达到所有通道同步采集的目的。对于脉冲式激光雷达脉冲信号，射频矩阵开关允许从多个输入端口到一个输出端口的互连选项，因此可以将多个通道信号分批次切换输出，从而提高大批量光谱波形信号生产中的吞吐量，以实现高光谱激光雷达所有 32 路信号的实时采集。

射频开关又称为微波开关，实现了控制输入的多路射频信号通道依次切换输出功能。射频开关包括两种类型，分别为固态式开关和机电式继电器开关。固态式开关切换速度快，工作寿命长，可靠性好。但相对于机电射频开关，固态射频开关对信号的插入损耗较多。此外，固态射频开关对于低频信号来说性能不佳。机电式切换开关采用电枢继电器驱动，结构如图 2-10 所示。其工作原理为：线圈通电时电枢线圈受磁场作用发生移动，来控制切换触点打开或关闭输入通道。该型切换开关在断电时使开关保持触点的位置，避免测量时仪器因意外重启后数据拼接问题。机电式切换开关的插入损耗较低，可处理较高的功率脉冲信号且不发生信号衰退。

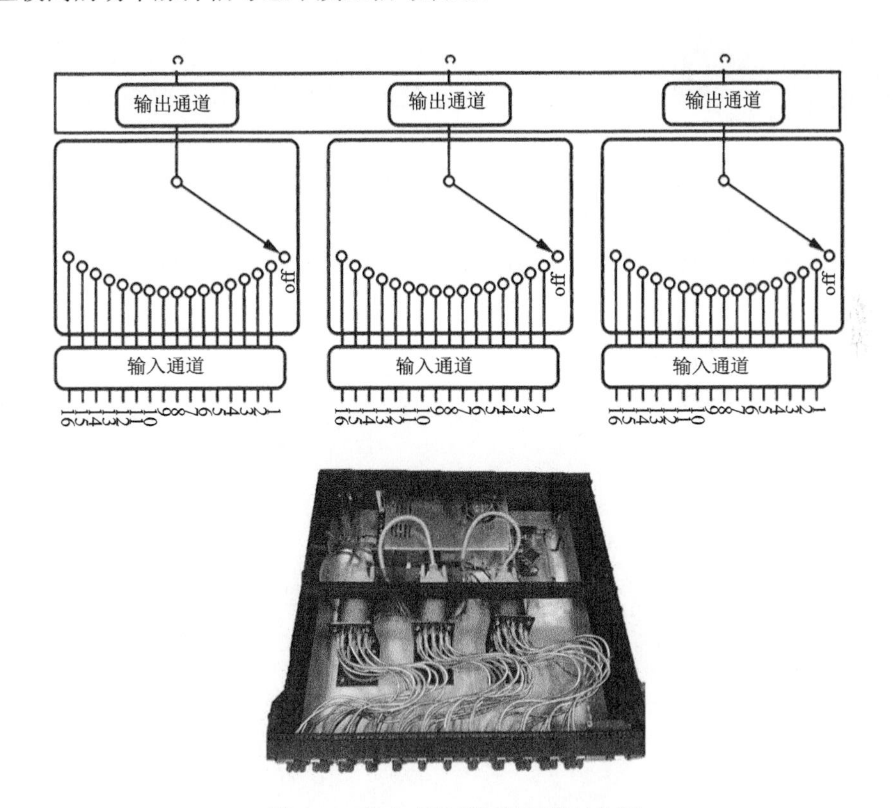

图 2-10　机电式射频切换开关结构图

高光谱激光雷达发射脉冲重复频率为 24kHz，也就意味着每秒钟可以产生 2.4 万个脉冲信号，这些脉冲信号能否全部被有效利用，很大程度上取决于开关切换速度，以使占空比较低。机电式射频切换开关可以使信号损耗降低，使用寿命可达数百万次重复切换。通过机电式切换开关可以有效实现 32 路信号分批次切换输出至示波器采集。

2.2.3 高光谱激光雷达扫描和控制单元

激光雷达对地观测通过激光扫描测距的方式实现。为了将高光谱激光雷达测距能力和空间扫描探测功能有效结合，本书的高光谱激光雷达系统采用了一种二维自动扫描装置，其可以有效安置体积较大的激光雷达收发望远镜进行同步移动扫描。扫描装置采用的是二维的旋转云台在水平和垂直方向上转动扫描的方式。高光谱激光雷达的扫描装置将同轴望远镜安置在扫描转台上实现点阵扫描。扫描转台使用微步进电机（图 2-11），通过齿轮减速系统使激光雷达进行逐点扫描。主要包括水平方位旋转部件、俯仰旋转部件、控制系统和基座。其具体参数为：

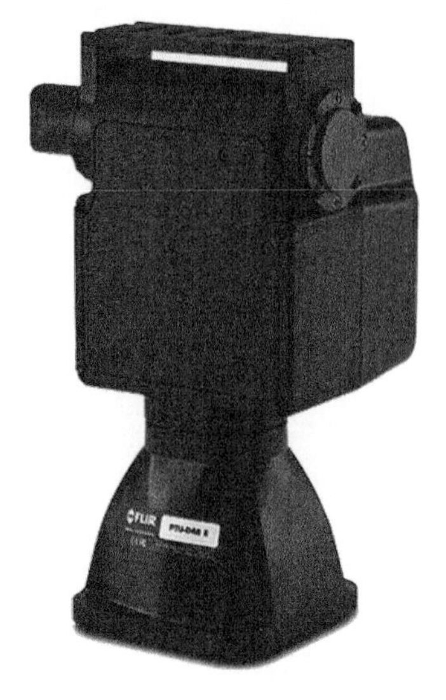

图 2-11　扫描转台

（1）扫描转台为两轴系统：一个水平方位旋转方向和一个俯仰旋转方向。

（2）方位角限制：+/–168°（转动范围为 336°，采用滑动环情况下可实现 360°连续编程）。

（3）俯仰角限制：+30°～–90°（转动范围为 120°）。

（4）水平和纵向分辨率：0.026°/0.013°。

（5）有效载荷重量：4.54kg。

（6）最小/最大水平旋转速度：0.026°/s；100°/s。

（7）最小/最大俯仰旋转速度：0.013°/s；50°/s。

（8）重复定位精度：优于 0.005°。

扫描云台视场角如图 2-12 所示。

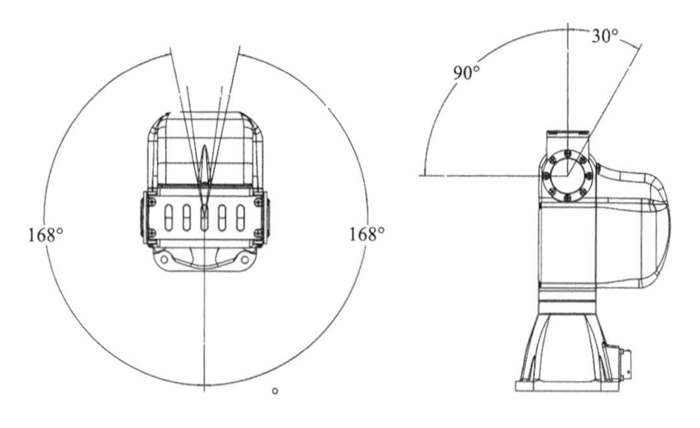

图 2-12　扫描云台视场角

高光谱激光雷达控制程序运行于主控电脑上，控制扫描平台转动，实现面扫描。其控制单元方案如图 2-13 所示。示波器同时测量四个模拟通道，保存屏幕或者触发前后特定时间的波形数据。第一个通道为触发通道/发射波形，另外三个为回波测量通道，测量的是回波波形。在每次测量一个点时，回波信号根据频率不同，被分成 33 个通道。我们需要测量 33 个通道的信号，但是示波器只有三个通道，因此增加了一个切换矩阵，测量程序控制切换矩阵，依次切换 11 次，完成 33 个通道的测量。触发方式为第一通道上的单次上升沿触发。预留两个串口通信，一个与二维扫描平台通信，另一个与通道切换矩阵通信。示波器采集的数据通过以太网线上传至主控电脑存储。高光谱激光雷达实体图如图 2-14 所示。

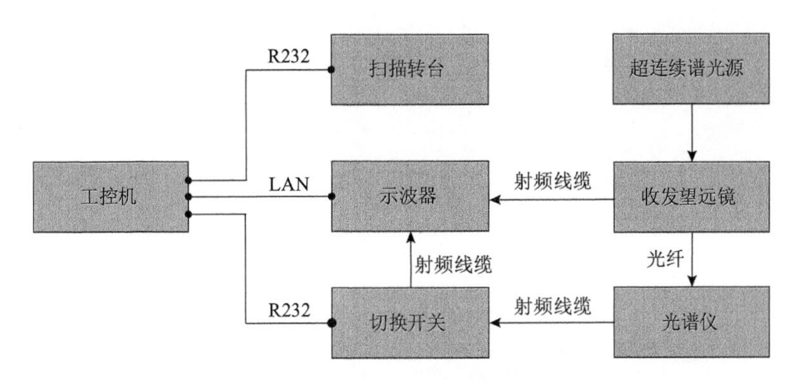

图 2-13　高光谱激光雷达控制单元方案

图 2-14　高光谱激光雷达实体图

二维扫描系统通过主控电脑控制扫描云台、切换开关以及示波器协同工作来完成扫描任务，其工作流程如图 2-15 所示。

（1）开启高光谱激光雷达系统，待激光器发射频率稳定后工作。

（2）在主控电脑上通过串口发送转动角度命令，控制望远镜运动到指定方向位置。

（3）认定转动到位，启动对一个点的测量。

（4）对一个点测量时，示波器端接收脉冲波形并触发电平以取平均模式进行采集（测量 4 个通道，1 个触发通道，3 个测量通道）。

（5）通过串口向通道切换矩阵发送切换通道命令，切换到另外 3 个测量通道，并将测量数据上传至主控电脑。

（6）依次进行触发波形采集和存储，完成 32 个通道的测量。

（7）判断扫描步数是否执行完成。如果未完成，重复执行步骤（3）～（6）；如果完成，扫描结束。

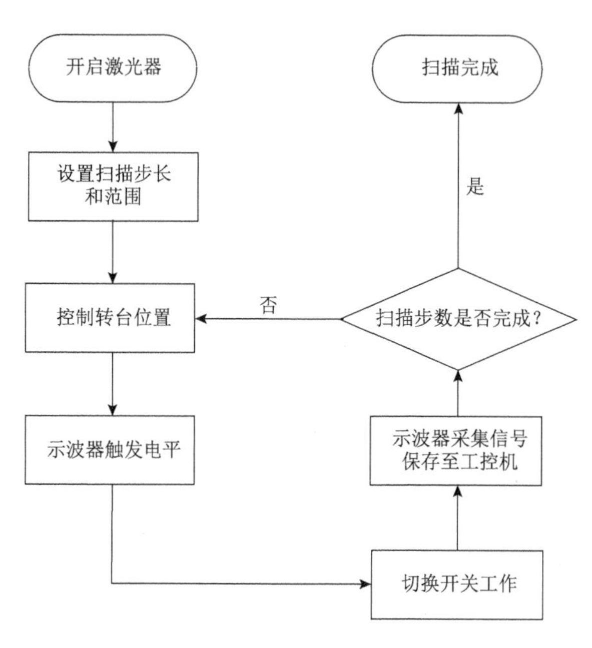

图 2-15　扫描控制流程

2.3　高光谱激光雷达系统特性分析

超连续谱激光器发射的脉冲宽度随波长有所变化，理论上脉冲宽度随着波长的增加而变小。此外，超连续谱激光器的种子光源波长为 1064nm 波段，基于光学非线性效应被激发并展宽产生新的频率成分，所在波长的激光距种子光源波长越远发射能量越弱（图 2-16），进而会影响所在波长的反向散射回波能量，尤其在 400～550nm 波段的回波信噪比会相对比较弱。

另外，各波长的脉冲起始时间也随着波长的变化而变化（图 2-17），随着波长从 450nm 到 800nm，所发射的脉冲延迟时间约为 750ps。由于激光雷达测距是基于脉冲飞行时间原理，即计算回波脉冲和发射脉冲的时间差内光的传输距离。例如，670～750nm 的延迟约为 100ps，即在空间距离上对应 3cm 的延迟。

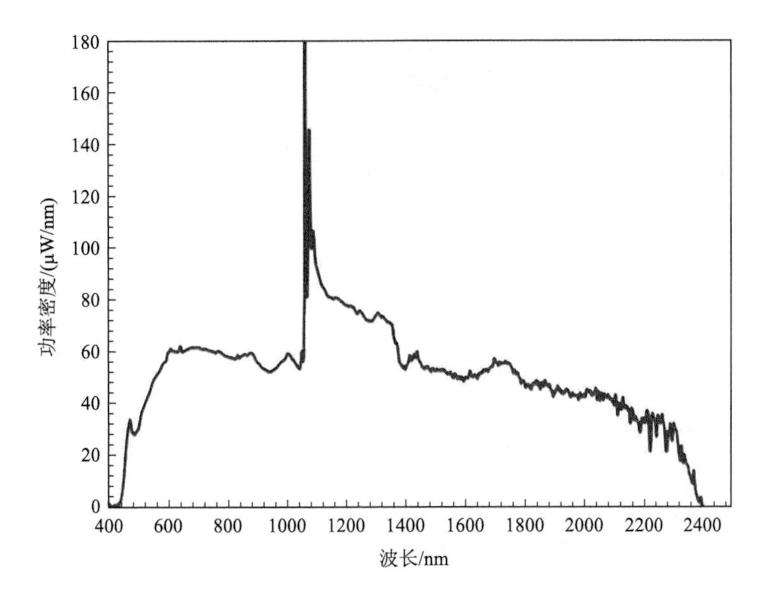

图 2-16　超连续谱激光器光谱功率密度曲线

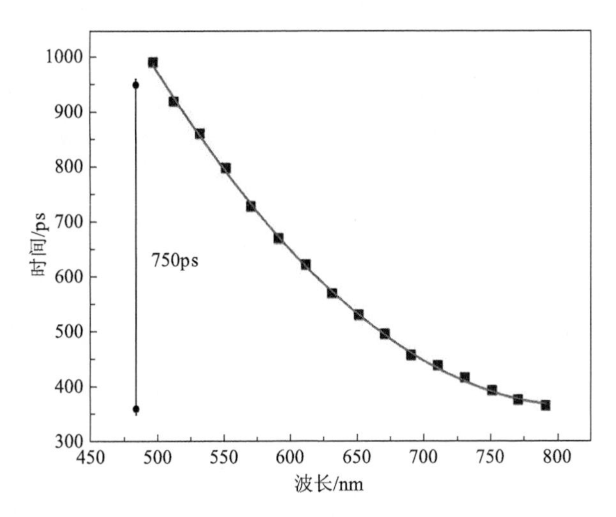

图 2-17　超连续谱光源输出不同波长的延迟

结合上面的脉冲宽度的影响可知，从 450nm 到 800nm，随着波长的增加，脉冲宽度变窄，脉冲能量变强，同时脉冲起始时间提前。该光源的脉冲能量、脉冲宽度以及脉冲起始时间在不同波长的非一致性对测距结果的影响值得进一步分析。

值得注意的是，接收信号的强度除了受目标自身特性和激光发射能量分布的影响外，还会受到接收光学系统结构设计的影响。前面提到，激光雷达接收望远镜具有一定的焦距，只有对应于视场焦平面上，接收强度才最高；观测距离变化，接收信号也会相对衰减。当距离变化时，同一表面反射特性的目标的接收信号强弱也会随之改变。这种回波强度随距离变化的非一致性影响值得进一步分析。

光谱响应度是光电倍增管（PMT）重要的性能参数之一，表征了 PMT 对不同波长入射光的光电探测转换效率。需要注意的是，该型探测器在不同波长的量子转换效率不同，输出损耗偏差也不一致（图 2-18）。300～450nm 及 850～920nm 光谱区的量子转换效率较低（图 2-19）。此外，在光谱响应范围内的中间以及左侧位置的通道输出损耗偏差较多，进而会影响激光雷达所在波段的反向散射回波能量的有效探测。这种探测器对高光谱激光雷达设计探测波长范围的影响同样值得进一步分析。

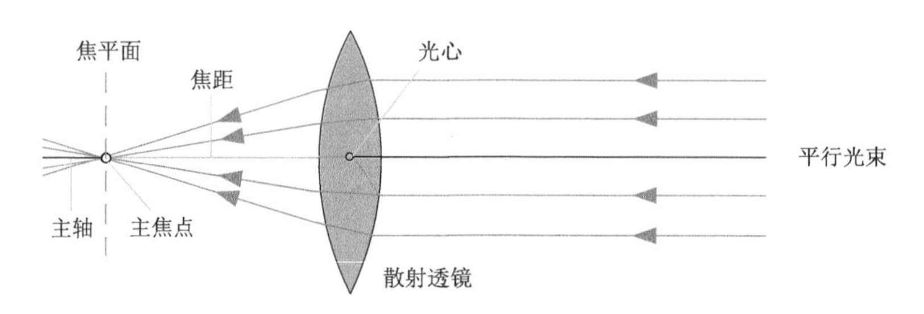

图 2-18　接收望远镜光路示意图

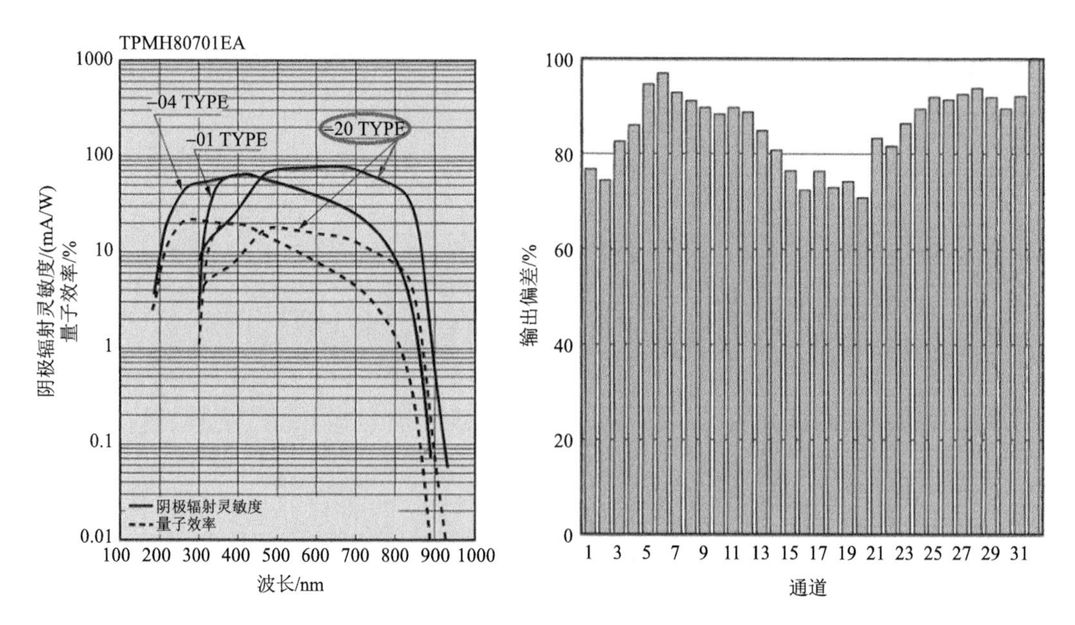

图 2-19　线阵型多阳极光电倍增管波谱响应和输出的均匀性

图 2-20 显示出了第一个波形分量 t_1 和最后一个波形分量 t_2 之间的比较。从第一个波形分量和最后一个波形分量生成了两个测距值。因此，可以计算高度差。对于植被场景会出现多次反射或散射。当植被不是很茂密时，通常假设第一个回波来自树冠顶部，最后一个脉冲来自地面。实际上，情况并非总是如此。实时采集到的含有噪声信号的波形位置与实际位置之间的偏移会导致物体的位置不准确。此外，如果两个目标之间的距离过小，简单的取峰值探测方法将无法区分两个回波。

波形分析可以建立先进的处理方法，提高波形参数检测的可靠性和准确性。波形信号分解和先进的脉冲检测方法比嵌入式实时能系统更准确地恢复更多的回波。这导致点云稍密，距离测定更好。此外，通过对回波波形进行建模，可以提取其他信息，如强度和脉冲宽度。这两个值提供了有关目标的几何和辐射测量的信息。

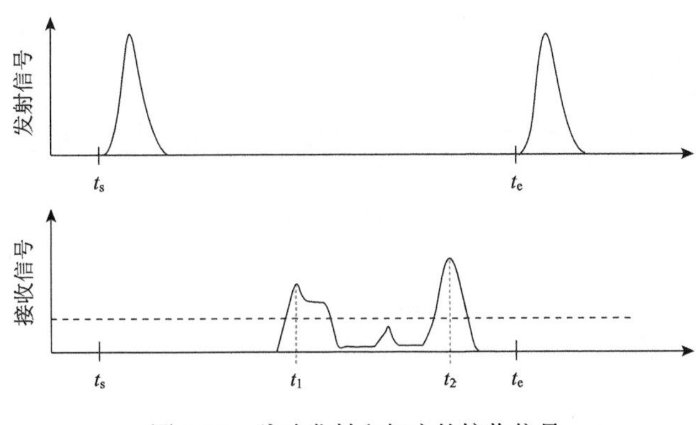

图 2-20 脉冲发射和相应的接收信号

对全波形高光谱激光雷达数据进行的研究所使用的从返回信号中提取的信息必须首先对其进行校准和校正。此外，要用从每个峰值提取的主要信息来描述场景，必须了解目标的几何和辐射测量对信号的影响。许多基于单波长激光雷达研究已经在城市和林地地区开展，但没有得出一般性结论，不能直接推广应用到高光谱激光雷达。因此还需要对高光谱激光雷达的几何效应和辐射效应进一步研究。

2.4 本 章 小 结

本章首先介绍了激光雷达探测原理和理论基础，以及高光谱激光雷达系统组成。对高光谱激光雷达系统进行了详细的介绍；将全系统分为三个单元：发射单元、接收单元和扫描控制单元。激光发射单元选择超连续谱激光器作为发射光源，利用折射式望远镜作为共轴接收发系统，光电探测器选用在可见光/近红外区域效应率较强的线阵型光电倍增管探测器；扫描控制系统利用实验室现有二维转台进行同步扫描。本章最后对该系统需要关注的影响数据质量的硬件和数据特性进行了分析概述，为后续的高光谱激光雷达数据处理以及地物光谱反射率探测提供理论依据。

参 考 文 献

马鹏阁. 2017. 多脉冲激光雷达. 北京：国防工业出版社.

许洪，王向军. 2007. 多光谱，超光谱成像技术在军事上的应用. 红外与激光工程, 36: 13-17.

Agrawal G P. 2008. Applications of Nonlinear Fiber Optics. San Diego: Academic Press.

Agrawal G P. 2019. Nonlinear fiber optics (6th Edition). San Diego: Academic Press.

Barnes E, Clarke T R, Richards S E, et al. 2000. Coincident detection of crop water stress, nitrogen status, and canopy density using ground based multispectral data.

Chen Y, Räikkönen E, Kaasalainen S, et al. 2010. Two-channel hyperspectral LiDAR with a supercontinuum laser source. Sensors, 10(7): 7057-7066.

Chen Y, Li W, Hyypp J, et al. 2019. A 10-nm spectral resolution hyperspectral LiDAR system based on an acousto-optic tunable filter. Sensors, 19(7): 1620.

Dash J, Curran P J. 2004. The MERIS terrestrial chlorophyll index. International Journal of Remote Sensing, 25(23): 5403-5413.

Dudley J M, Genty G, Coen S. 2006. Supercontinuum generation in photonic crystal fiber. Reviews of Modern Physics, 78(4): 1135-1184.

Gaulton R, Danson F M, Ramirez F A, et al. 2013. The potential of dual-wavelength laser scanning for estimating vegetation moisture content. Remote Sensing of Environment, 132: 32-39.

Gitelson A, Merzlyak M N. 1994. Spectral reflectance changes associated with autumn senescence of *Aesculus hippocastanum* L. and *Acer platanoides* L. Leaves. Spectral Features and Relation to Chlorophyll Estimation. Journal of Plant Physiology, 143(3): 286-292.

Gitelson A A, Keydan G P, Merzlyak M N. 2006. Three-band model for noninvasive estimation of chlorophyll, carotenoids, and anthocyanin contents in higher plant leaves. Geophysical Research Letters, 33(11).

Hakala T, Suomalainen J, Kaasalainen S, et al. 2012. Full waveform hyperspectral LiDAR for terrestrial laser scanning. Optics Express, 20(7): 7119-7127.

Hancock S, Armston J, Li Z, et al. 2015. Waveform lidar over vegetation: An evaluation of inversion methods for estimating return energy. Remote Sensing of Environment, 164: 208-224.

Jelalian A V. 1992. Laser Radar Systems. Artech House: 3-10.

Jupp D L B, Culvenor D S, Lovell J L, et al. 2009. Estimating forest LAI profiles and structural parameters using a ground-based laser called 'Echidna'. Tree Physiology, (2): 171-181.

Jutzi B, Stilla U. 2007. Range determination with waveform recording laser systems using a Wiener Filter. ISPRS Journal of Photogrammetry Remote Sensing, 61(2): 95-107.

Li W, Niu Z, Sun G, et al. 2016. Deriving backscatter reflective factors from 32-channel full-waveform LiDAR data for the estimation of leaf biochemical contents. Optics Express, 24(5): 4771-4785.

Niu Z, Xu Z, Sun G, et al. 2015. Design of a new multispectral waveform LiDAR instrument to monitor vegetation. IEEE Geoscience and Remote Sensing Letters, 12(7): 1506-1510.

Saini T S, Baili A, Kumar A, et al. 2015. Design and analysis of equiangular spiral photonic crystal fiber for mid-infrared supercontinuum generation. Journal of Modern Optics, 62(19): 1570-1576.

Soudarissanane S, Lindenbergh R, Menenti M, et al. 2011. Scanning geometry: Influencing factor on the quality of terrestrial laser scanning points. ISPRS Journal of Photogrammetry and Remote Sensing, 66(4): 389-399.

Tan K, Zhang W, Shen F, et al. 2018. Investigation of TLS intensity data and distance measurement errors from target specular reflections. Remote Sensing, 10(7): 1077.

Wagner W, Ullrich A, Ducic V, et al. 2006. Gaussian decomposition and calibration of a novel small-footprint full-waveform digitising airborne laser scanner. ISPRS Journal of Photogrammetry Remote Sensing, 60(2): 100-112.

Yang H, Han F, Hu H, et al. 2014. Spectral-temporal analysis of dispersive wave generation in photonic crystal fibers of different dispersion slope. Journal of Modern Optics, 61(5): 409-414.

Zarco-Tejada P J, Miller J R, Noland T L, et al. 2001. Scaling-up and model inversion methods with narrowband optical indices for chlorophyll content estimation in closed forest canopies with hyperspectral data. IEEE Transactions on Geoscience and Remote Sensing, 39(7): 1491-1507.

第3章　高光谱激光雷达数据处理关键技术

全波形高光谱激光雷达（HSL）通过主动发射宽谱段激光脉冲并探测目标后向散射回波信号的方式，观测目标空间结构和光谱信息，从而为全方位地获取目标的几何特征、距离信息、物质成分和颜色等属性提供全天候遥感探测手段。随着超连续谱激光光源和光电探测技术的发展，研制一种同时获取地物光谱和几何结构信息的主动式高光谱激光雷达系统，在理论和技术上是可行的。相比于传统单波长激光雷达探测技术只能获取距离及几何信息的方式，新型高光谱激光雷达探测技术在植被遥感、分类应用等领域表现出更大的定量应用潜力及适应性。

针对新型对地观测高光谱激光雷达系统的特点和应用需求，要以相应的数据处理技术来进一步促进其在遥感领域的应用。高光谱激光雷达发射的宽谱激光束通过小的间隙穿透树冠，之后再次透过间隙被接收。该过程完整记录了传输路径上激光脉冲响应的波形数据，可提供植被的距离与光谱分布。更精确和详细的生理和生化信息的空间分布可以从校准后的回波波形数据中揭示出来。高光谱激光雷达数据处理是获取地物目标特性信息的关键一步。本章针对目标特征信息定量提取技术的需求，开展对全波形高光谱激光雷达数据处理关键技术的分析和研究。3.1 节介绍几何校正方法；3.2 节介绍脉冲延迟效应及校正方法；3.3 节介绍子光斑效应校正方法；3.4 节为本章小结。

3.1　几何校正方法

激光雷达采集的后向散射强度受至少四个因素（Soudarissanane et al.，2011），如仪器影响、大气效应、扫描几何效应以及目标散射特性的影响。在实际应用中，地基式高光谱激光雷达后向散射强度主要受扫描几何效应影响，包括入射角和距离效应，其中，假定仪器自身效应影响保持不变，且大气衰减忽略不计。考虑这种情况，首先分析入射角和距离效应对高光谱激光雷达回波强度数据的影响以及其波长依赖性。

3.1.1　强度与入射角效应分析

为了研究了激光入射角度对激光后向散射强度的影响，我们设计实验来分析入射角效应。基于高光谱激光雷达多个激光波长通道（540～849nm）记录多种样本的后向散射强度。随机从 6 种常见阔叶植物物种（表 3-1）中采集叶片样本，包括橡皮树叶、绿萝、万年青、木槿、白掌和火炬花。6 种植物健康绿色叶片长度为 9～15cm，叶片厚度在 0.1～0.2cm。同时还测量了 99%和 50%两种反射率的标准反射板。另外，为了提高信噪比，同时避免单次测量可能发生回波信号丢失的情况，选择目标样本的同一个位置进行测量，并且每个目标测量时将 10 个回波激光脉冲取平均值。

表 3-1　角度实验样本

样本	橡皮树叶	绿萝	万年青	木槿
照片				
样本	白掌	火炬花	99%反射率板	50%反射率板
照片			99%反射率板	50%反射率板

在入射角效应实验中，入射角以 10°间隔增量变化，并且对样品进行二维扫描，对不同入射角下的叶片样品进行测量。入射角效应实验设置如图 3-1 所示。样品被贴附在平面板上，在距离设备 6 m 的位置进行测量，旋转面板改变角度，角度测量范围为 0°～70°。

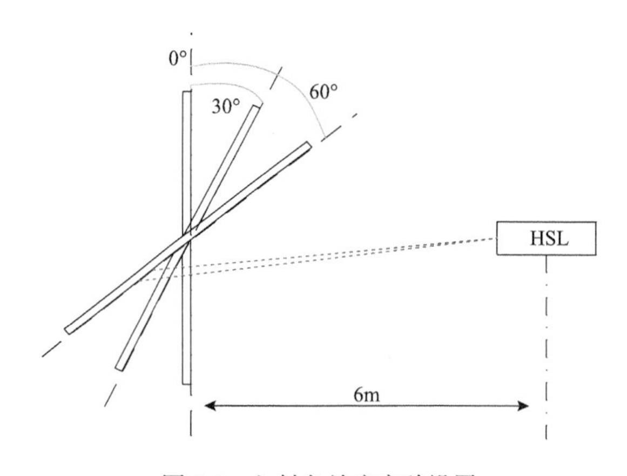

图 3-1　入射角效应实验设置

用高光谱激光雷达测量的叶片目标与标准反射板的不同波长回波强度和入射角关系如图 3-2 和图 3-3 所示。可以看到，入射角效应非常明显，20 个波长的后向散射强度随入射角变化的曲线具有相似性。总的趋势是随着入射角的增加，后向散射强度值减小。然而，我们发现标准反射板与叶片目标之间存在一些差异。叶片目标的角度依赖性曲线并不像我们期望的那样同标准反射面板的曲线一致。这可能是由于叶片表面特征，如表面粗糙度的影响比较明显。另外，其差异也可以用传感器噪声来解释。

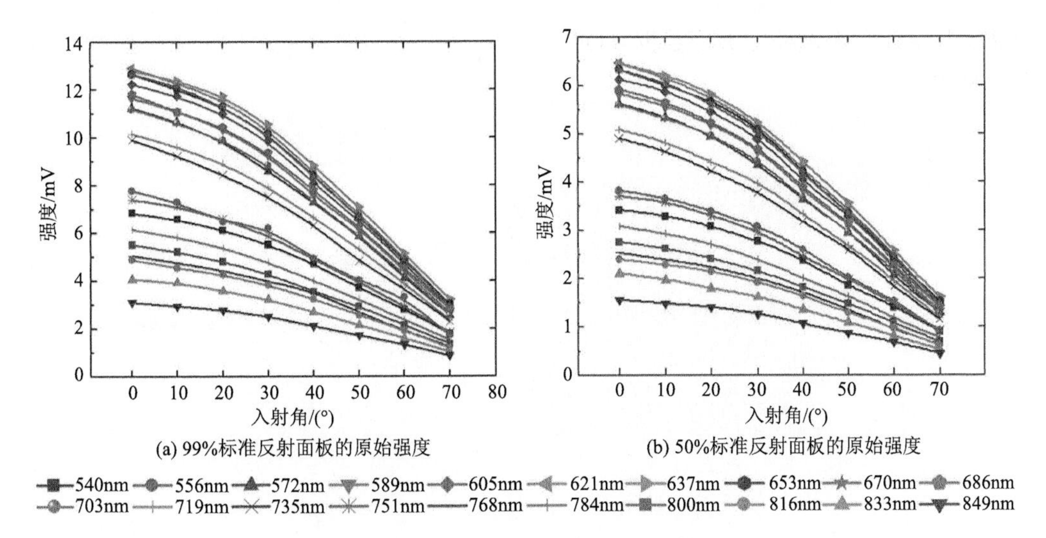

图 3-2　标准反射板的 20 个波长的后向散射强度与入射角的关系

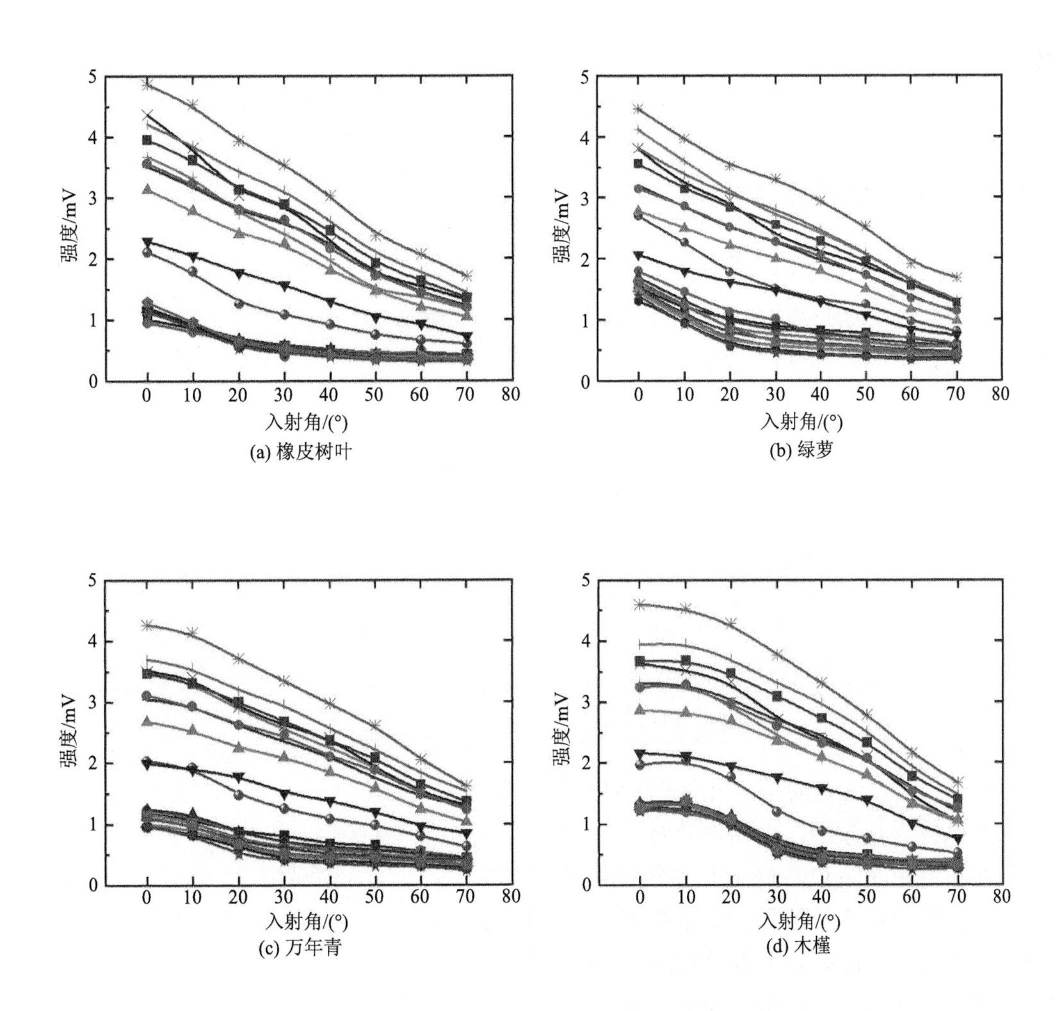

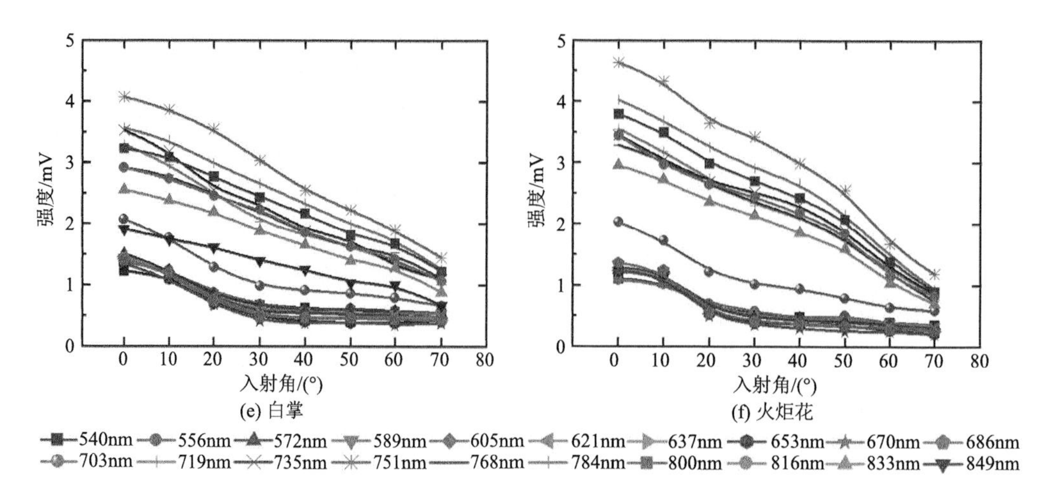

图 3-3　叶片样本的 20 个波长的后向散射强度与入射角的关系

为了更容易地比较不同目标的后向散射强度与入射角效应关系，每个波长的强度值被归一化为 I（0°）=1（图 3-4）。对于具有各向同性反射特性的标准反射板，所有波长强度的入射角依赖关系非常一致。与此相反，叶片样品的归一化结果表明，入射角效应似乎与波长有关。此外，我们还分析了各波长的强度与入射角的关系，发现这种关系似乎并不满足朗伯（Lambert）余弦定律，尤其是对于叶片目标。这意味着具有各向同性反射特性的目标基本上趋向于朗伯余弦定律，而且其入射角效应无波长依赖性。

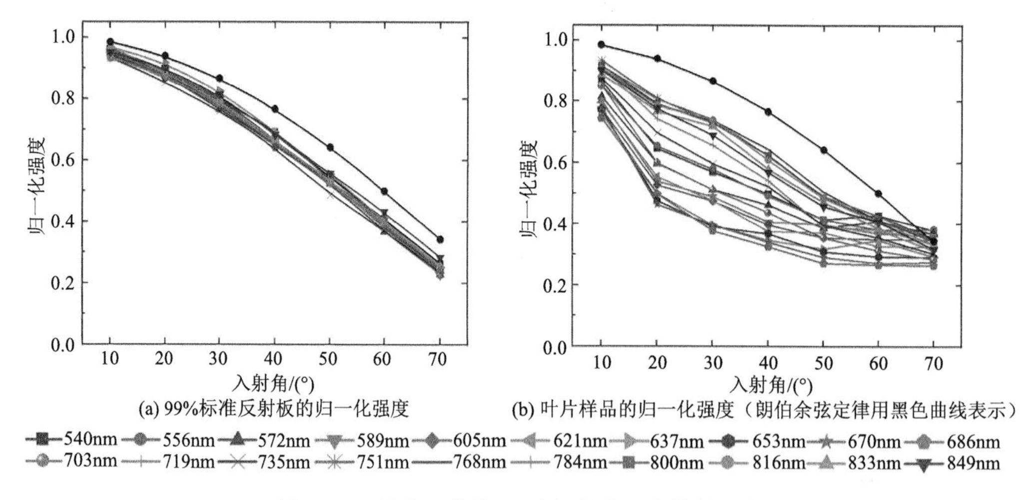

图 3-4　0°处归一化的 20 个波长的后向散射强度

3.1.2　强度与距离效应分析

在第二组实验中，首先在 4m 位置测量样品，并且以 2m 间隔逐步测量，直至 20m 位置。距离效应实验装置如图 3-5 所示。为避免入射角因素对后向散射强度的影响，实验过程中将入射角固定为 0°。需要注意的是：当目标沿着传感器视角主轴方向逐步移动时，我们需要保证整个激光光斑照射在目标上。

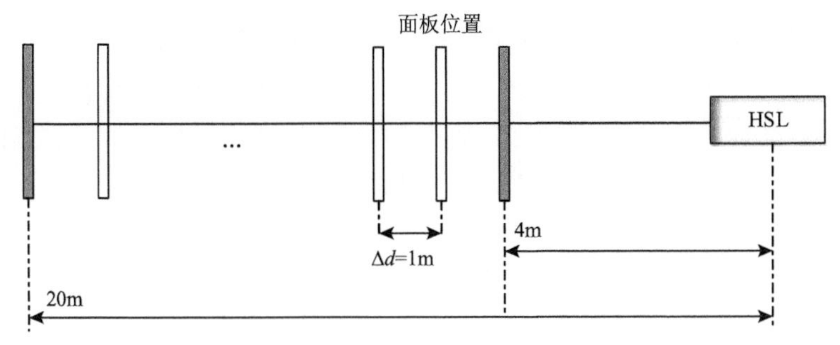

图 3-5　距离效应实验设置

如图 3-6 所示，20 个激光波长的原始后向散射强度受到距离效应的强烈影响。随着距离的增加（叶片垂直于激光束 0°），原始后向散射强度先增大后减小。可以看到，在 4～8m 的距离内，被测目标的 20 个波长的后向散射强度增加较快，而当大于 8m 时强度下降加快。当测量距离小于 8m 时，仪器特性，如近距离衰减器或折射望远镜的焦点效应，对原始后向散射强度有显著影响，使其与雷达距离方程不一致。在如图 3-6（c）所示的情况下，叶片样品后向散射强度曲线的距离依赖性并不像预期的那样和标准反射板的曲线一致。这主要是叶片对红光和绿光波长的吸收而导致信噪比衰减引起的。

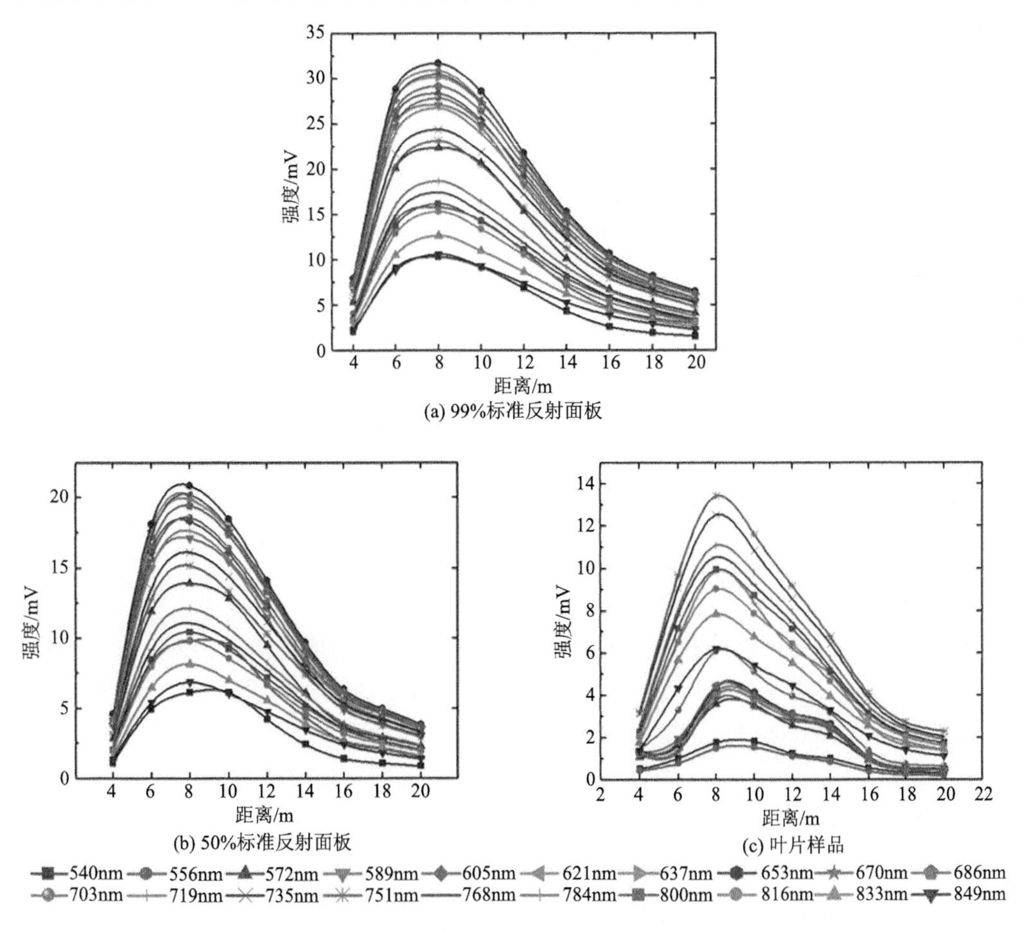

图 3-6　所有波长的后向散射强度与距离的关系

为了更容易地比较不同目标的强度与距离关系，每个波长的强度值以 8m 处测得白板强度归一化为 1（图 3-7）。对于不同的目标，在相同波长下，回波强度的距离依赖性似乎是相似的。此外，不同波段的归一化强度和距离的关系同样是随着距离的增加强度先增加后减少。这也意味着距离效应在不同波段具有相似的影响效果。

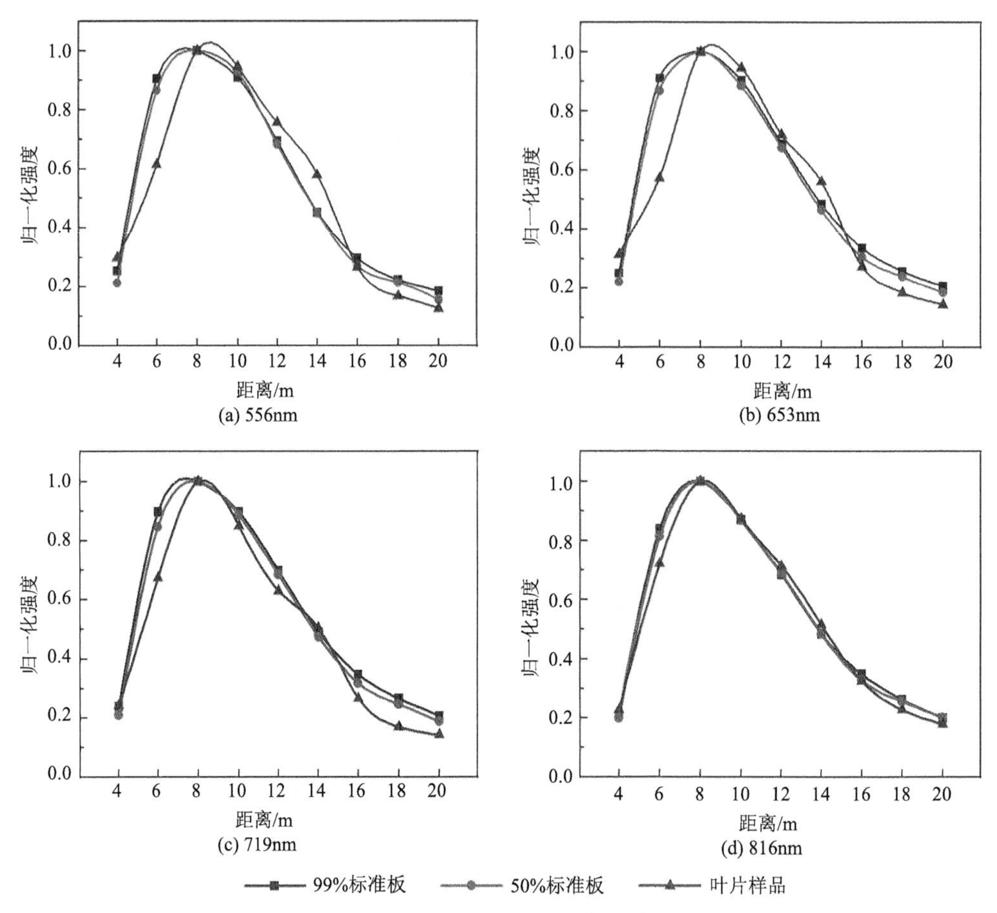

图 3-7　标准板和叶片样品的激光波长的后向散射强度（以 8m 处归一化为 1）

3.1.3　回波强度校正方法研究

1. 基于参考目标的模型

激光雷达系统向目标发射激光束并获取目标表面向后散射的激光信号。假设目标是朗伯反射，雷达方程（Wagner et al.，2006）描述了接收信号功率相对于传输功率，包括与仪器因素、物体表面有关的参数反射率和大气：

$$P_{\mathrm{r}} = \frac{P_{\mathrm{t}} D^2 \rho \cos\theta}{4R^2} \eta_{\mathrm{sys}} \eta_{\mathrm{atm}} \tag{3.1}$$

式中，P_{r} 为激光信号接收功率（W）；P_{t} 为激光发射功率（W）；D 为接收器孔径（m），R 为仪器到目标的距离（m）；η_{sys} 为系统损耗；η_{atm} 为大气损耗；ρ 为目标表面反射率；θ 为激光束发散角。

雷达方程定义了仪器参数（P_t，η_{sys}）、大气因子（η_{atm}）和目标特性（ρ）作为接收信号功率的函数方程。此方程也可应用于高光谱激光雷达系统。根据方程式（3.1），波长相关的后向散射强度可以表示为

$$P_{r_\lambda}=\frac{P_{t_\lambda}D^2\rho_\lambda\cos\theta_\lambda}{4R_\lambda^2}\eta_{sys_\lambda}\eta_{atm_\lambda} \tag{3.2}$$

式中，λ 为高光谱激光雷达系统的波长。随着波长的增加，可以获得观测目标更丰富的附加信息。

高光谱激光雷达系统发射的激光脉冲信号照射在目标表面并被反射回传感器。根据上述激光雷达方程，该过程涉及入射角、距离和传感器因素对每个波长激光束光斑的影响。后向散射强度的计算主要受目标特性的影响。由式（3.2）可知，与波长相关的激光光谱比计算如下：

$$\rho_\lambda=\frac{P_{t_\lambda}\rho_{t_\lambda}\eta_{sys_\lambda}\eta_{atm_\lambda}}{P_{t_{ref_\lambda}}\rho_{ref_\lambda}\eta_{sys_\lambda}\eta_{atm_\lambda}}\cdot\frac{R_{ref_\lambda}^2}{R_\lambda^2}\cdot\frac{\cos\theta_\lambda}{\cos\theta_{ref_\lambda}} \tag{3.3}$$

式中，ρ_λ 为波长 λ 时的激光光谱比；P_{t_λ}、ρ_λ、η_{sys_λ}、η_{atm_λ} 分别为波长 λ 时的激光信号接收功率、目标表面反射率、系统参数和大气参数；$P_{t_{ref_\lambda}}$、ρ_{ref_λ} 分别为波长 λ 时的参考功率和参考目标反射率；R_{ref_λ}、R_λ 分别为波长 λ 时的探测目标至仪器之间的距离与理论距离；θ_{ref_λ}、θ_λ 分别为波长 λ 时探测参考目标时与理论上的激光束发散角。

当激光束被漫反射时，在相同的扫描几何和波长下，入射角、距离和光斑大小对后向散射强度的影响应是相似的。此外，对于同一波长通道来说，参数 P_t、D、η_{sys} 和 η_{atm} 可以看作是四个常数，其取决于仪器因素和大气效应。因此，校准的激光强度可以表示为

$$\rho_{cor_\lambda}=\frac{P_{r_\lambda}}{P_{r_{ref_\lambda}}}\cdot\rho_{ref_\lambda} \tag{3.4}$$

实际上，每个激光波长 λ 的后向散射强度用 99%的标准反射板采集到的强度来作为参考。被测目标各波长后向散射强度以相同距离和入射角的参考目标的相同波长的强度进行归一化。观测目标标定后的反射率可以通过在实验室中测定参考目标后向散射强度直接获得。

2. 激光比值方法

如果两个波长的后向散射强度同样受入射角和距离的影响，这种影响可以通过两个波长的比值来部分消除入射角和距离的影响（Gaulton et al.，2013）。多波长的激光比值也可应用于子光斑效应的校正。因此，我们给出多个激光比值指数，如下：

$$\text{Normalized Difference Laser Index}_{\text{near-infrared,red-edge}}(\text{NDLI}_{\text{ne}})=\frac{I_{784}-I_{719}}{I_{784}+I_{719}} \tag{3.5}$$

$$\text{Difference Laser Ratio Index}_{\text{near-infrared, red-edge, red}}(\text{DLR}_{\text{ner}})=\frac{I_{751}-I_{703}}{I_{703}-I_{686}} \tag{3.6}$$

$$\text{Sample Laser Ratio Index}_{\text{near-infrared,red-edge}}(\text{SLR}_{\text{ne}})=\frac{I_{768}}{I_{719}} \tag{3.7}$$

$$\text{Sample Laser Ratio Index}_{\text{near-infrared,green}}\left(\text{SLR}_{\text{ng}}\right)=\frac{I_{784}}{I_{556}}-1 \tag{3.8}$$

这些比值指数基于先前发表的光谱植被指数（Barnes et al.，2000；Dash and Curran，2004；Gitelson and Merzlyak，1994；Gitelson et al.，2006；Zarco-Tejada et al.，2001）。根据不同效应在不同波长的后向散射强度具有相似的影响效果，寻求激光波段间比值指数来抵消不同效应对后向散射强度的影响。

3.1.4 回波强度校正方法验证

1. 参考目标模型法校正结果

1）角度效应校正

由于不同目标在不同波长下的入射角效应相似，至少其衰减趋势相似，因此，入射角对 HSL 强度的影响可以基于相同入射角的参考目标进行校准[式（3.4）]。理论上，在一定范围内，用相同波长和入射角的参考目标强度的倒数乘以强度，可以消除入射角的影响。图 3-8 和图 3-9 显示了基于单波长的参考目标模型在 20 个波长的六种叶片样本上的校正结果。随着入射角的增大，反射率随入射角变化较少，直至约 60°。当入射角大于 60°时，反射率值变化明显，同一波长下反射率最大差值大于 20%。初步结果表明，对于小的入射角，基于参考目标的模型方法可以用于消除入射角效应对后向散射强度的影响。

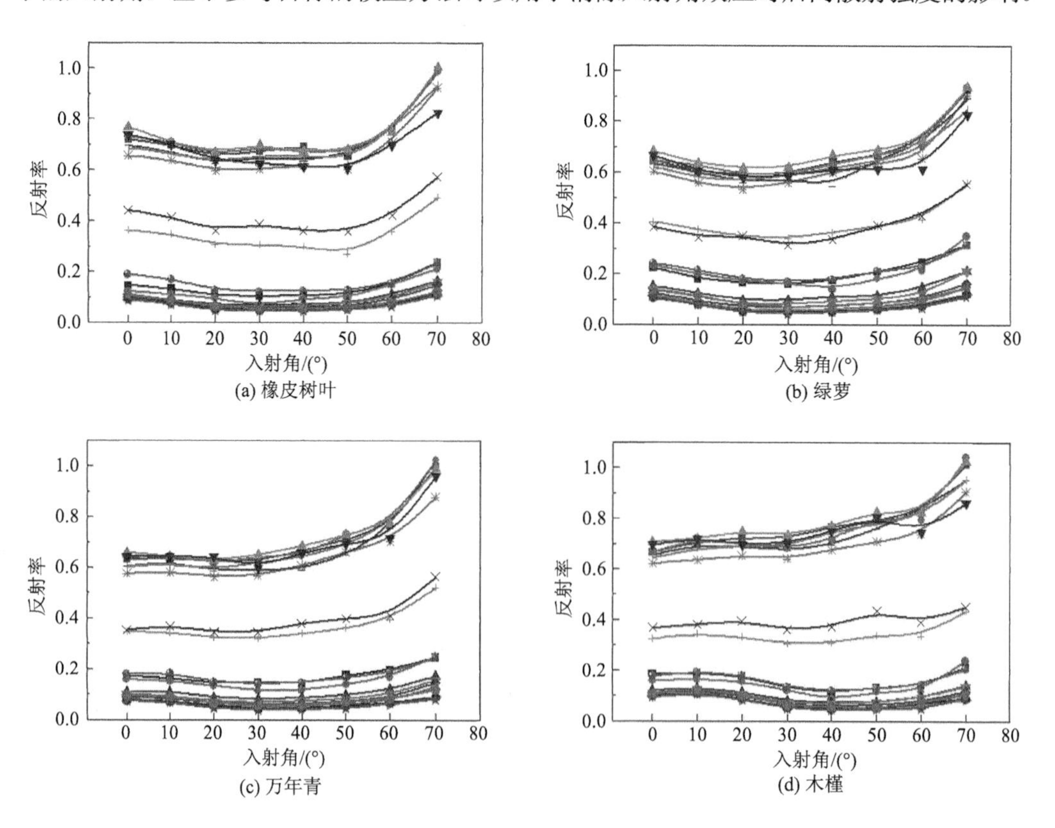

(a) 橡皮树叶　(b) 绿萝

(c) 万年青　(d) 木槿

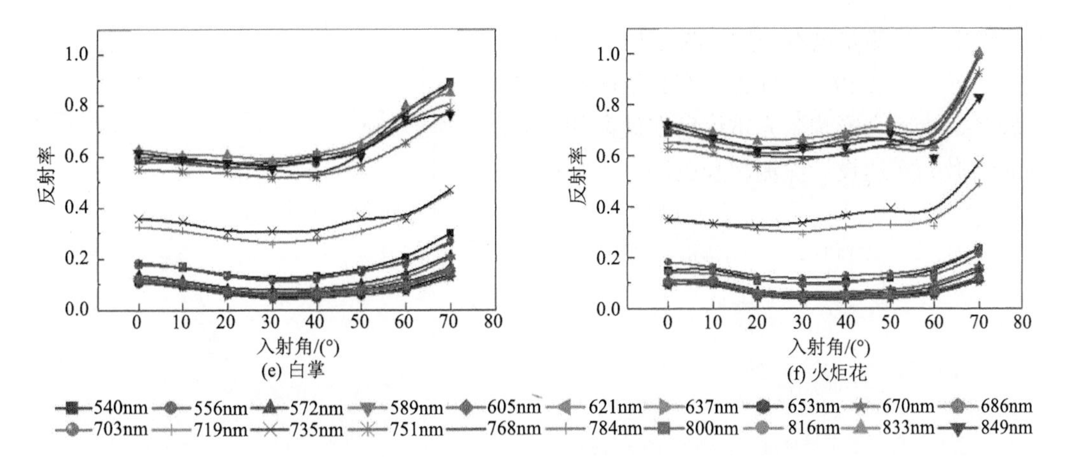

图 3-8　基于参考目标法的入射角的校正结果

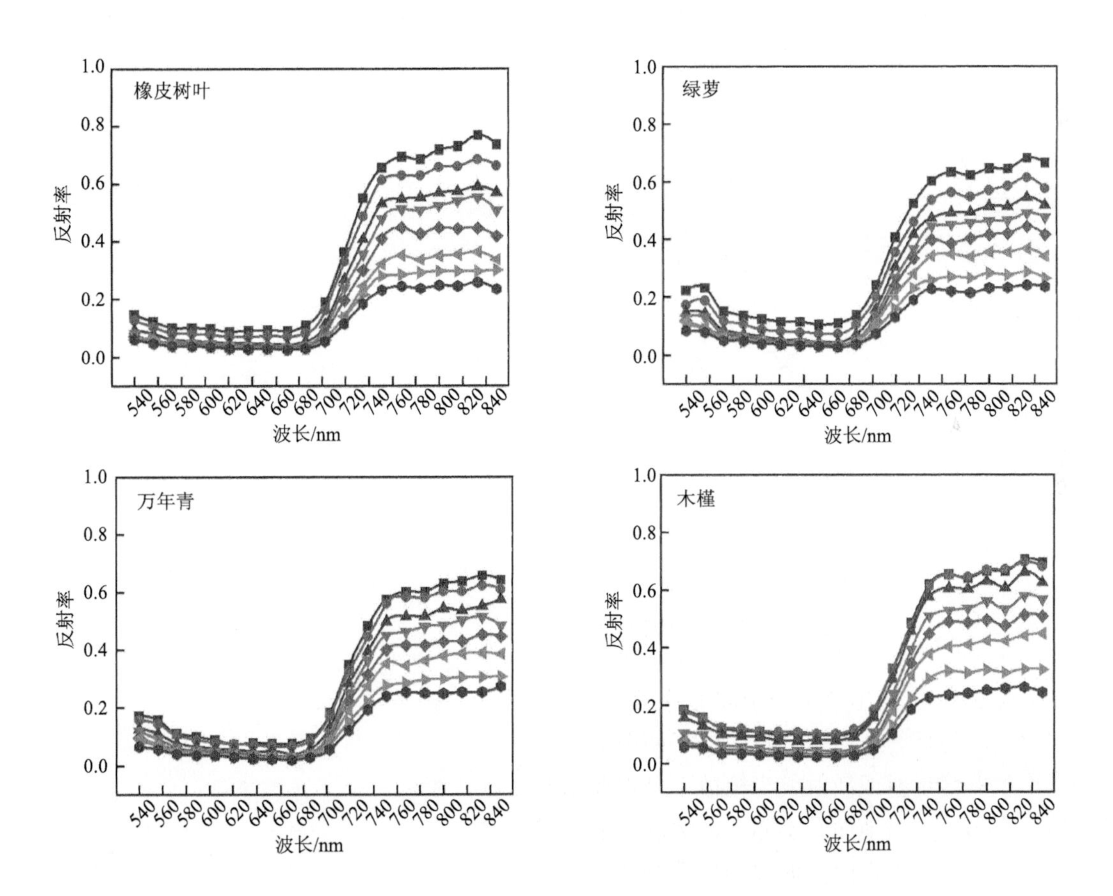

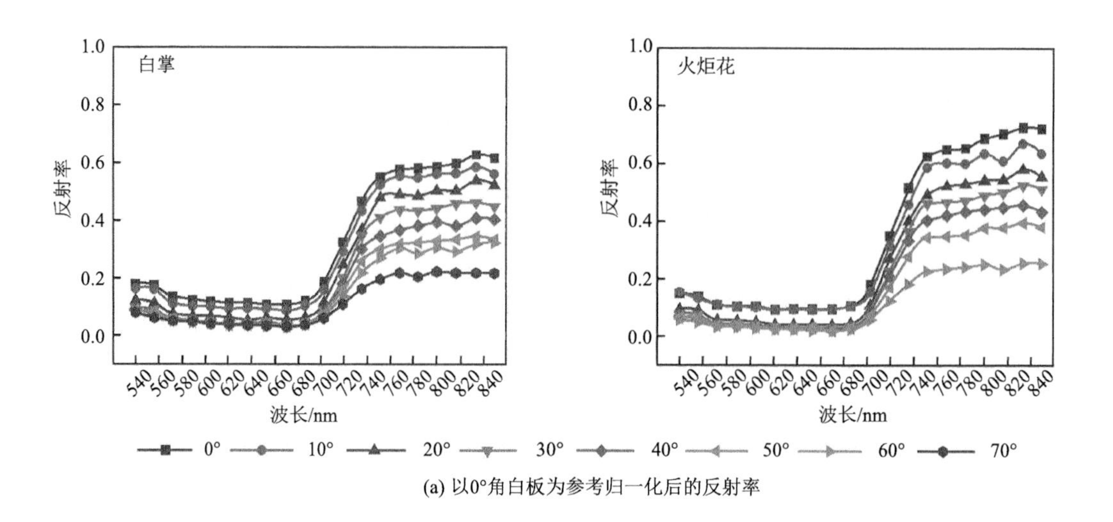

(a) 以0°角白板为参考归一化后的反射率

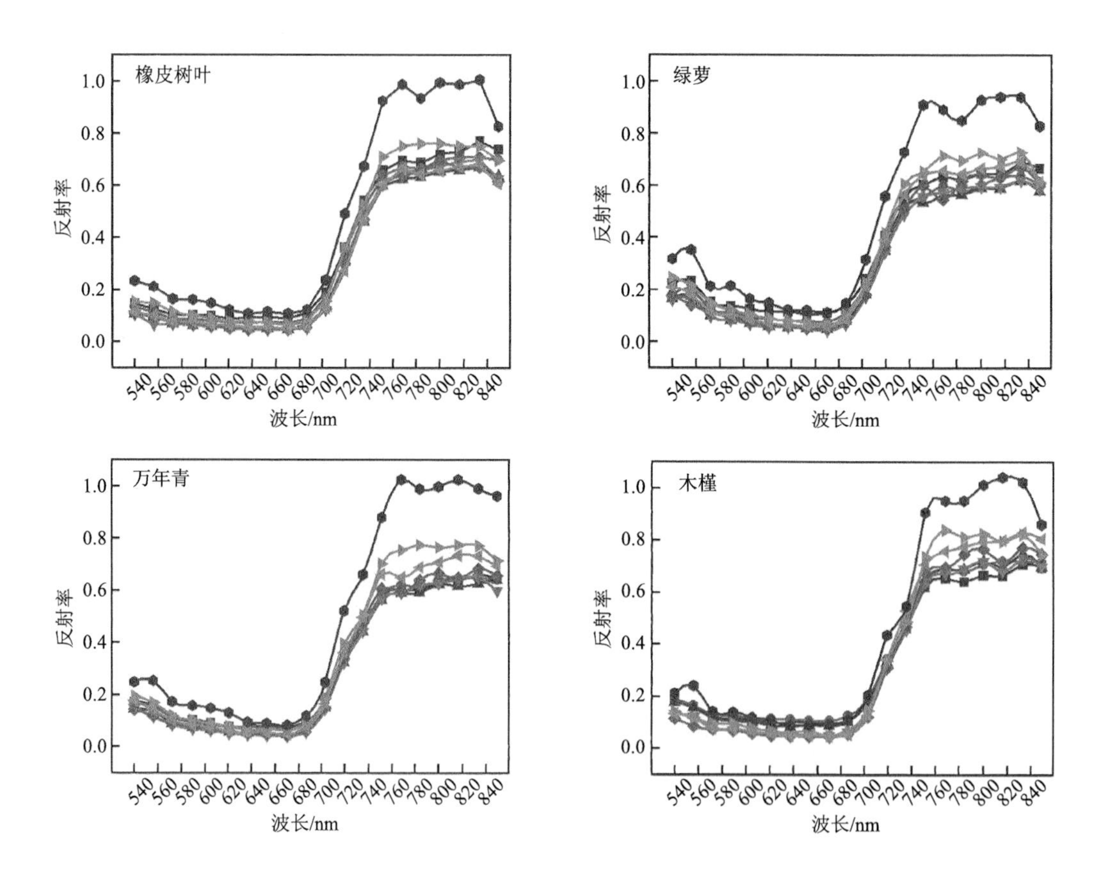

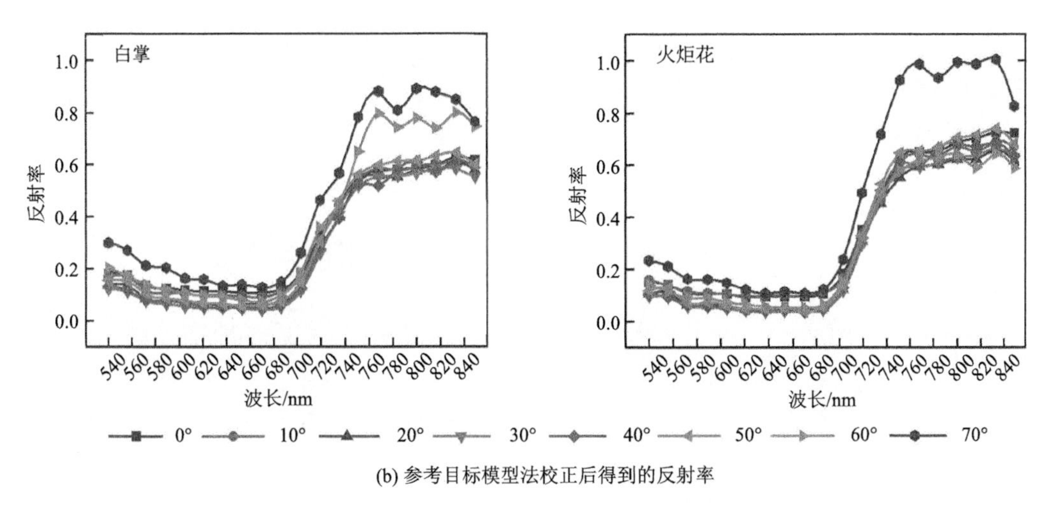

(b) 参考目标模型法校正后得到的反射率

图 3-9 不同角度下的 6 种植物叶片光谱曲线

2）距离效应校正

可以根据式（3.4）利用相同距离的参考目标校准距离效应对高光谱激光雷达强度的影响，校准结果如图 3-10 所示。观察到，随着距离的增加，50%标准反射板的所有激光波长的反射率值随距离呈现出较小的波动。结果表明，基于单波长参考目标校正模型的激光雷达强度校正方法可以对具有各向同性反射特性目标的距离效应进行标定。然而，对于叶片目标，所有激光波长的反射率值仅在 8～14m 有较好的一致性。如前所述，某些反射率变化可能是由近距离衰减器引起的。另外，考虑扫描几何结构对信噪比的影响，回波信号噪声也随距离增加而增大，进而影响校正效果（图 3-11）。

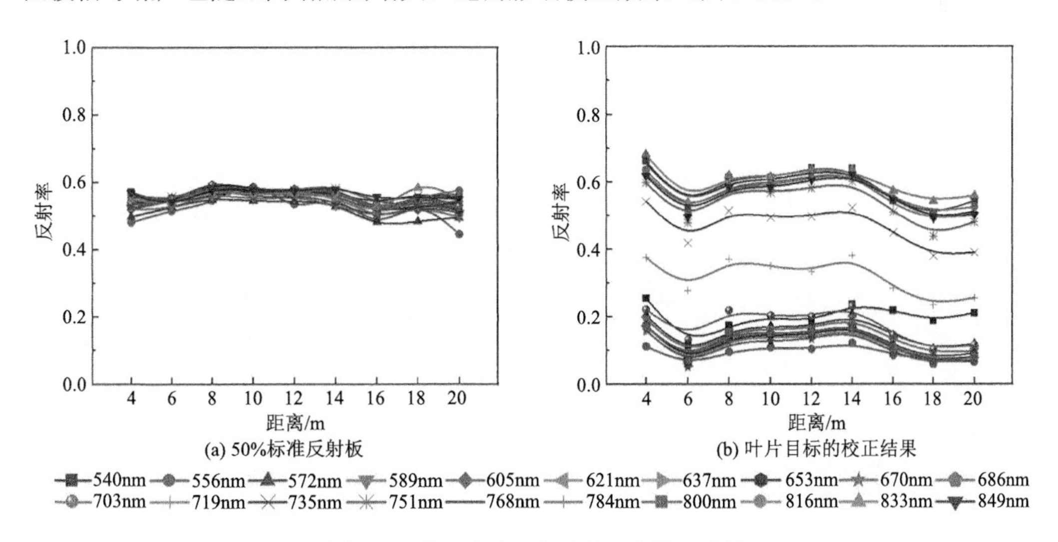

(a) 50%标准反射板　(b) 叶片目标的校正结果

图 3-10 基于参考目标法的距离校正结果

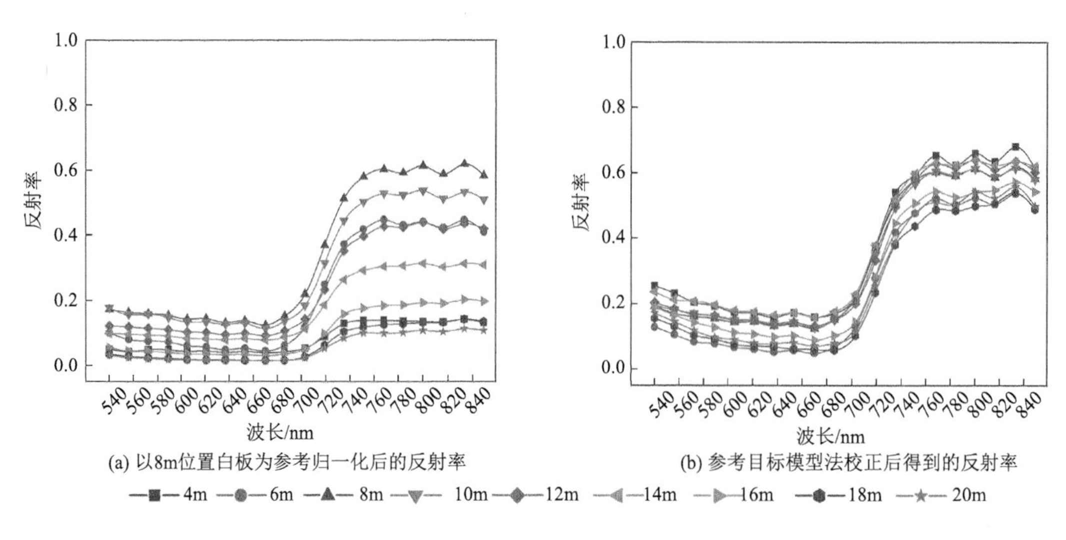

(a) 以8m位置白板为参考归一化后的反射率　(b) 参考目标模型法校正后得到的反射率

图 3-11　不同观测距离处的叶片光谱曲线

2. 激光比值校正结果

入射角和距离效应对不同波长的后向散射强度有相似的影响（图 3-4 和图 3-7）。因此，可以根据多波长相关的后向散射强度的激光比值方法校正这些效应。利用近红外和可见光（即位于光谱红边两侧）中两个或三个波长的激光后向散射强度值计算激光比值。在这一部分中，我们使用若干个经验植被指数来校正入射角和距离效应对后向散射强度的影响。

结果表明，并非所有选定的激光比值都可用于后向散射强度校正（图 3-12 和图 3-13）。绿光和近红外波长激光比值指数（SLR_{ng}）及三波长激光比值指数（DLR_{ner}）随入射角和距离均有明显的波动，说明这些激光比值并不能用来消除入射角和距离对 HSL 后向散射强度的影响。相比之下，随着入射角和距离的增加，红边和近红外波长激光比值指数（SLR_{ne}）及归一化差值激光比值指数（$NDLI_{nr}$ 和 $NDLI_{ne}$）随入射角和距离变化表现出良好的一致性。结果表明，基于归一化差值指数及红边和近红外波长激光比值指数的 HSL 强度校正方法在校正入射角和距离效应方面是有效的，可简化 HSL 植被强度数据的校正工作。

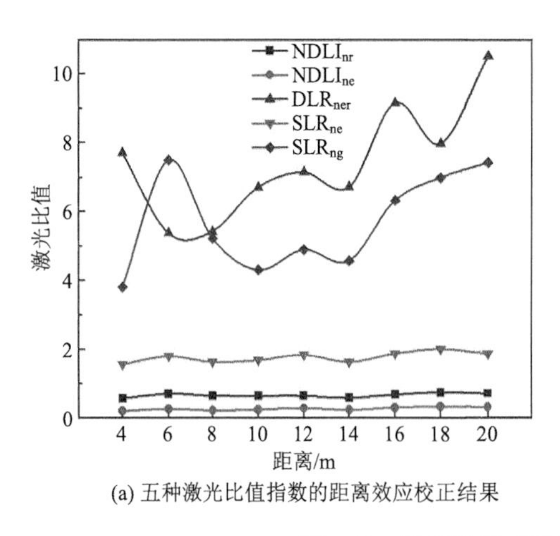

(a) 五种激光比值指数的距离效应校正结果

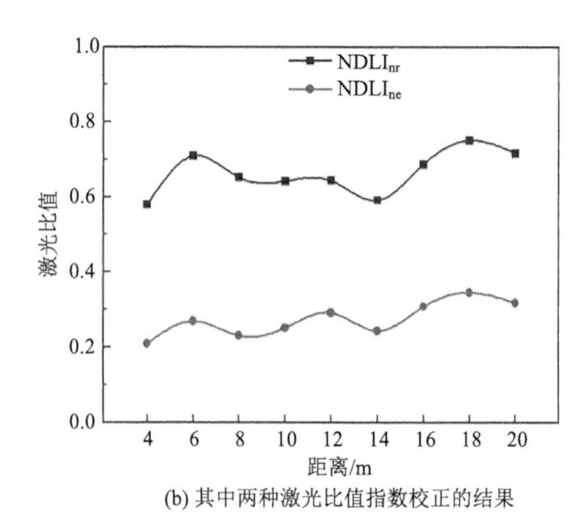

(b) 其中两种激光比值指数校正的结果

图 3-12　激光比值对叶片样品的距离效应校正结果

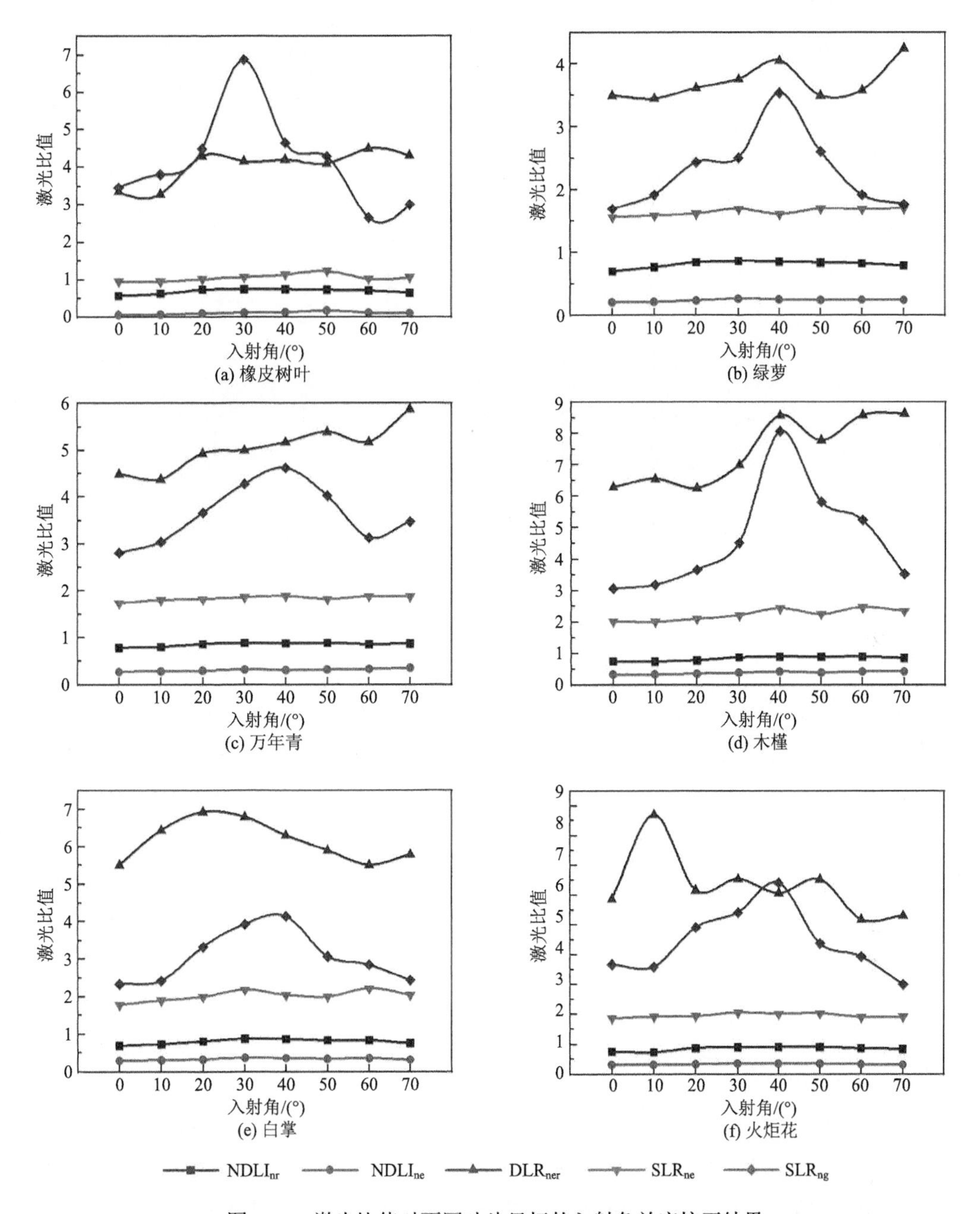

图 3-13 激光比值对不同叶片目标的入射角效应校正结果

利用均方根误差（RMSE）对基于不同激光比值指数校正结果的差异进行量化。RMSE 详细说明了估计值和预测值之间残差的标准偏差。残差是回归线数据点（预测值）距离的近似值。实验中，选取不同入射角和不同距离下各激光比值指数的平均值作为预测值（作为回归线点）。图 3-14 显示了六种激光比指数的 RMSE 比较。结果表明，$NDLI_{ne}$ 的 RMSE 最小，其次是 SLR_{ne} 和 $NDLI_{nr}$。DLR_{ner} 和 SLR_{ng} 均具有较大的 RMSE 误差。

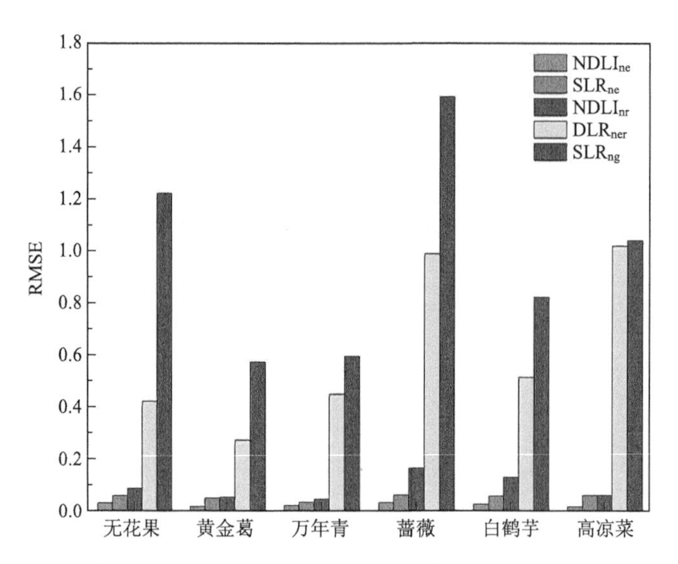

图 3-14　激光比值指数对六种叶片样品强度校正后的 RMSE 偏差结果

3.2　脉冲延迟效应及校正方法

本节基于全波形高光谱激光雷达原型系统获取的数据进行系统脉冲信号延迟效应研究。高光谱激光雷达回波脉冲的接收时间在不同波段存在不一致性。高光谱激光雷达的测距原理是基于脉冲飞行时间法，波段间脉冲信号延迟不一致不仅会导致同一观测目标点云重影问题，而且会造成复杂场景中不同目标之间距离歧义。本节研究的目的是消除脉冲信号延迟对该系统测距的影响。本部分研究内容是获取目标精准几何结构信息的关键。

3.2.1　脉冲延迟特性分析

1. 不同系统结构设计分析

对于 HSL 系统获取的观测目标数据，不同光谱通道之间脉冲回波峰值时间的差异主要由系统自身特性决定，其中包括超连续谱激光源的群速度色散效应和非线性效应，光脉冲在仪器中传播的非线性效应（Agrawal，2019；Dudley et al.，2006；Saini et al.，2015；Yang et al.，2014），以及多通道光电探测器。在 HSL 的不同光谱通道之间存在回波时间不同步或者脉冲延迟现象。这主要是由超连续谱激光源的固有特性引起的，每一个光源波长发射时间也不是严格同步的（Agrawal，2008；Niu et al.，2015）。随着波长的增加，激光脉冲发射时间提前，脉冲的最大时间差异为数百皮秒。此外，脉冲饱和效应也会影响被测脉冲的上升时间（通过下峰值电平），从而在回波时间的测量中引入了回波强度依赖的偏差。另外，仪器内部光路的固定长度和随机量化误差也会影响脉冲延迟结果。最后，脉冲信号的衰减效应会导致光谱通道间距离歧义。因此，消除脉冲回波时间延迟对光谱的影响对于提高 HSL 几何距离数据的精度至关重要。

现有超连续光谱激光雷达系统具有一个超光谱激光源（SC）发射宽谱段脉冲和多通

道光电探测器接收后向散射回波信号。现有的高光谱激光雷达系统一般不超过32个具有高信噪比的光谱波段。中国科学院空天信息创新研究院遥感科学国家重点实验室研制的高光谱激光雷达目前被用于植被遥感探测（Li et al.，2016），其由半透镜分离的激光束被照射在雪崩光电二极管（APD）探测器，并由采集系统获取，用于触发脉冲测量和捕捉回波脉冲。回波信号被引导到光栅中分光计用于分离光回波，然后通过线阵光电探测器转换成电信号。芬兰大地测量研究所研制的声光可调谐滤波高光谱激光雷达（AOTF-HSL）旨在为植被遥感应用提供数据指标（Chen et al.，2019）。其宽谱段输出激光束首先经声光可调谐滤光片（AOTF）滤波，这是一种在声光晶体上基于波长选择的模块，然后将回波信号直接聚焦在安装在望远镜焦平面上的光电探测器。英国爱丁堡大学研制的高光谱激光雷达是为植被遥感和三维识别而设计的（Hakala et al.，2012）。其宽谱段输出激光束首先经过激光光束采样器，这部分分光作为触发飞行时间测量的光束。此外，采用离轴抛物面镜作为主收集光学元件和一个APD阵列模块被用来转换光谱分离光模拟电压。中国科学院光电研究院研制的液晶可调谐滤波高光谱激光雷达（LCTF-HS）被用于探测与植被应用相关的红边波长（Li et al.，2018）。超连续谱激光束通过光束采样器，采样器利用其中的准直光束来对时间进行测量。液晶可调谐滤波器（LCTF）装置安装在APD探测器前来选择合适的波长波段，其采用的是时分光谱滤波器技术。

在数据采集过程中，必须首先设置脉冲触发条件，然后数据采集卡才能采集脉冲信号并将其传输到采集系统，以避免不必要地采集和存储脉冲信号。有两种类型的脉冲触发方式：第一种触发是采用特定的通道；第二种触发是通用的全触发。采用前者作为触发方式最重要的目的是可以精确记录激光雷达每个波长的发射激光功率从而便于根据雷达方程进行辐射定标，此外，也方便获得目标在每个波长通道中的反射率。后一种方式被应用于大多数现有的仪器设备，主要原因是接收到的回波激光功率不会被显著地分散到触发通道从而造成照射向目标的脉冲能量衰减。同时，后者触发方式不能解决超连续谱激光源中不同波长发射时间的不同步问题。通常是光学滤波片（Chen et al.，2010）或光栅被安装在APD或PMT之前用于筛选不同波长后向散射回波信号。一些光谱分光设备采用AOTF或液晶可调谐滤波器（LCTF）。与滤光片和光栅相比，AOTF和LCTF会导致输出激光束的衰减，激光功率的损失。然而，AOTF和LCTF是时分多光谱滤光片技术，可一定程度上解决由超连续谱激光源部分造成的脉冲延迟问题。

综上所述，脉冲延迟是多光谱以及高光谱激光雷达系统中常见的现象。许多系统使用不同的设置，不同仪器的延迟效果并不完全相同。延迟效应主要由四个因素引起：超连续激光源、光电探测器、内光路和随机误差。在实际应用中，硬件处理只能缓解脉冲延迟效应，不能完全解决不同信道不同延迟不一致的情况。在硬件层次上，很难确保同一目标的不同通道的距离测量值相同。

2. 测距误差来源分析

在距离解算之前，高光谱激光雷达仪器自身特性以及复杂地物特征对距离解算的误差影响因素主要包括以下四点：

（1）本书介绍的仪器所使用的激光光源为超连续谱光源，该光源为单色光（单一频率的光不产生色散），采用分光系统将目标反射回来的光分为 32 个波段宽度均一的通道。但实际上该光源发射的光在不同波段的激发时间有一定的差异，造成了不同波段发射起始时间不一致。

（2）仪器发射的单色光由于介质不同，光的波长发生变化，从而速度也发生变化。采用真空中的光速值进行距离计算，将导致数值计算误差。激光从光源出发到设备接收到激光回波信号之间，除了穿过空气外，在仪器设备中还经历了光纤传输、分光系统和信号采集系统等多种不同的介质。后者也会对激光传播速度造成一定的影响。

（3）测距误差中关键的误差是行走误差。激光雷达系统的光斑照射到多个目标时，如激光穿透前后两层的叶片的情况，接收到的回波脉冲的幅值和脉冲宽度也随之有很大变化，对于相同的接收灵敏度，不同的接收光功率，会导致探测得到回波波峰的位置漂移，进而使得距离测量值出现偏差。行走误差被定义为由脉冲幅值或者脉冲形状的变化导致的波形峰值位置产生的时间偏差。

（4）系统中存在的随机噪声以及采用 A/D 转换后的模拟信号会带来新的误差，导致脉冲波形的波峰起伏抖动，系统采集时的回波时间点会出现抖动偏差，从而时刻鉴别点则在回波波形时间轴上出现漂移。所以，抖动误差的大小也对测距精度有着重要的影响。

3.2.2 时刻鉴别方法介绍

结合不同测距误差产生的原因和误差与各个回波波形参数的联系，分析不同时刻鉴别方法对各个波段测距误差的具体影响。再结合多目标时刻鉴别时的复杂情况，进行实验仿真，并依据仿真结果比较选择出对应波段最合适的时刻鉴别方法，从而进一步分别解算出所有波段测距误差最小的目标距离。拟通过研究多目标回波时刻鉴别方法，实现多目标回波时刻确定，并经过方法验证和实验验证，对多波回测距离解算方法的测距误差进行分析，修正和优化多波回测距离解算方法。

1. 不同时刻鉴别方法

高光谱激光雷达根据脉冲飞行时间测量原则实现测距，飞行时间测量方法中需要确定波形的发射时刻和回波时刻，通过两者的时间差进行测距解算。常见的波形时刻鉴别方法有前沿定时法、恒比定时法、峰值检测法、拐点法和重心法（图 3-15）。拟通过对比多种时刻鉴别方法寻求有效的波形时刻判别方法。前沿定时法受脉冲幅值和脉冲宽度变化的影响较多，测距结果会有很大的行走误差。峰值检测法对脉冲振幅和宽度的变化不敏感，但该方法会受到局部峰值和脉冲波形噪声的影响。重心法以波形的重心定义为脉冲波形的能量中心，如果回波脉冲是高斯对称型，则重心法效果较好。相反，当脉冲形状是偏态分布时，基于重心法的检测距离比使用峰值检测法的精度要低。拐点法通过计算回波波形的二阶导为零点来确定回波时刻点，该方法确定出的回波时刻误差受到回波波形的影响，尤其对波形脉宽很敏感。恒比定时法采用峰值的某一百分比例的波形前缘位置作为回波时刻，受波形振幅的影响较少，该方法确定回波时刻点时相比其他时刻鉴别方法具有较小的行走误差，但对波形形状和脉冲宽度有较高的要求。

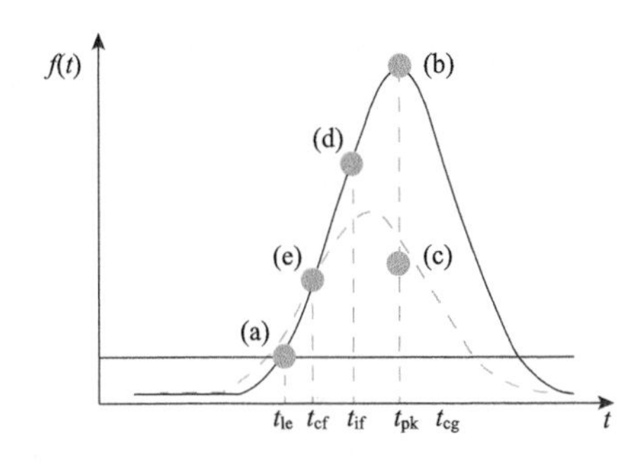

图 3-15　多种时刻鉴别方法示意图

（a）前沿定时法；（b）峰值检测法；（c）重心法；（d）拐点法；（e）恒比定时法

2. 时刻鉴别方法效果对比

为了测试不同时刻鉴别方法的效果，以标准反射板为观测目标，以激光测距仪测量值为参照，分别采集其在 3m、4m、5m 和 6m 位置处的回波波形，如图 3-16 所示。根据脉冲飞行时间原则对波形数据进行距离解算。然后，分别计算解算后的相邻距离之差的大小（D_1：4m–3m，D_2：5m–4m，D_3：6m–5m），作为不同时间鉴别方法的误差。表 3-2 展示了采用不同时刻鉴别方法得到的相邻距离作差后的误差。可以看到，不经过滤波降噪处理获取的相对测距误差远比经过滤波后的测距误差大，最大误差区间为（–6.6cm，7.3cm）。对于不同的时刻鉴别方法，高斯峰值检测法和重心法的相对误差在 D_1～D_3 中均为最小，最大相对误差区间均为（–2.2cm，1.8cm）；其次为采用 60%位置的恒比定时法（–2.56cm，1.93cm）；拐点法和斜率法（–2.57cm，1.93cm）次之；最差的为过零定时法（–5.6cm，7.9cm）。

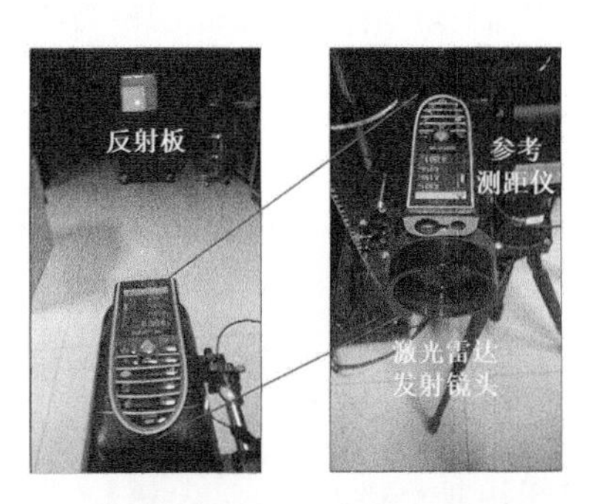

图 3-16　测距实验场景设置

表 3-2　不同时刻鉴别方法测距相对误差对比

时刻鉴别方法	波形滤波方式	相对误差区间/cm		
		D_1	D_2	D_3
高斯峰值检测法	无滤波	(−6.5，+5.9)	(−4.5，+7.0)	(−6.3，+6.1)
	低通滤波	(−2.2，+1.0)	(−0.39，+1.8)	(−1.97，+1.28)
重心法	无滤波	(−6.6，+6.0)	(−4.4，+7.3)	(−6.3，+6.4)
	低通滤波	(−2.2，+1.0)	(−0.39，+1.8)	(−1.96，+1.28)
恒比定时法	60%低通滤波	(−2.56，+0.43)	(−1.1，+1.93)	(−2.56，+0.43)
	50%低通滤波	(−2.56，+0.43)	(−1.1，+1.93)	(−1.1，+1.93)
	40%低通滤波	(−2.56，+1.93)	(−1.1，+1.93)	(−1.1，+1.93)
	30%低通滤波	(−2.56，+1.93)	(−1.1，+1.93)	(−1.1，+1.93)
拐点法	低通滤波	(−2.57，+0.4)	(−1.1，+1.93)	(−2.57，+1.93)
过零定时法	低通滤波	(−4.0，+3.4)	(−2.6，+4.9)	(−5.6，+7.9)
斜率法	低通滤波	(−2.57，+0.43)	(−1.1，+1.93)	(−2.57，+1.93)

为了直观展示不同时刻鉴别方法在高光谱激光雷达不同波段的测距能力，还测量并统计了 8～20m 范围内多个距离相对参考测距仪测量值的相对误差，如图 3-17 所示。注意到，不同波段的相对误差分布差异较明显，且相对误差较大，这主要是由系统本身结构设计引起的，重点关注不同时刻鉴别方法的测距效果。可以看到，数字平滑峰值法、拐点法、恒比定时法和前沿定时法在不同距离的测距值波动较大，这四种方法对本书使用的高光谱激光雷达波形数据处理效果较差。重心法绝大多数波段的不同距离相对误差非常一致，但仍有个别波段差异较明显，其可能是由该波段噪声所导致的。高斯峰值检测法在不同距离的相对误差光谱曲线基本一致，表明该方法时刻判别结果稳定，结合表的相对误差结果可以判定该方法非常适用于高光谱激光雷达波形数据后处理。

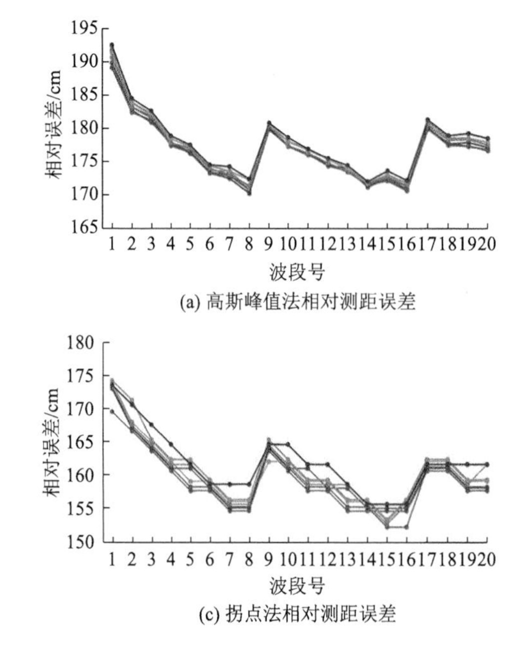

(a) 高斯峰值法相对测距误差

(c) 拐点法相对测距误差

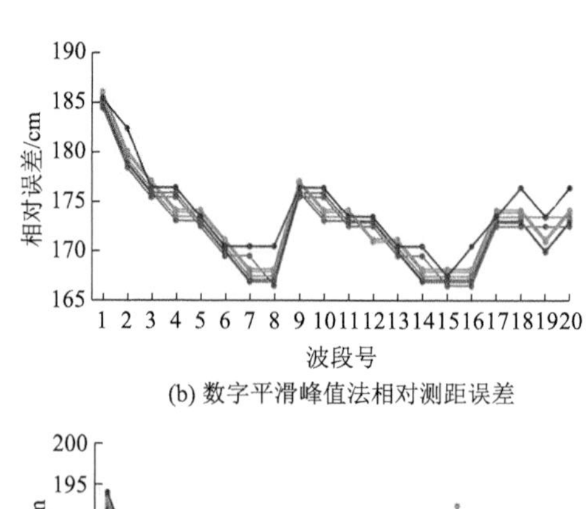

(b) 数字平滑峰值法相对测距误差

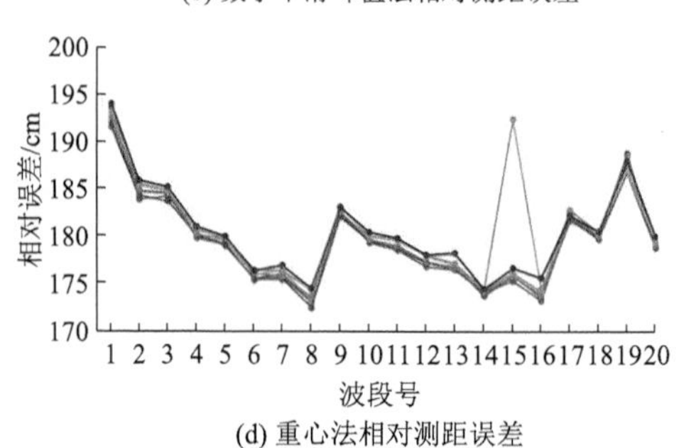

(d) 重心法相对测距误差

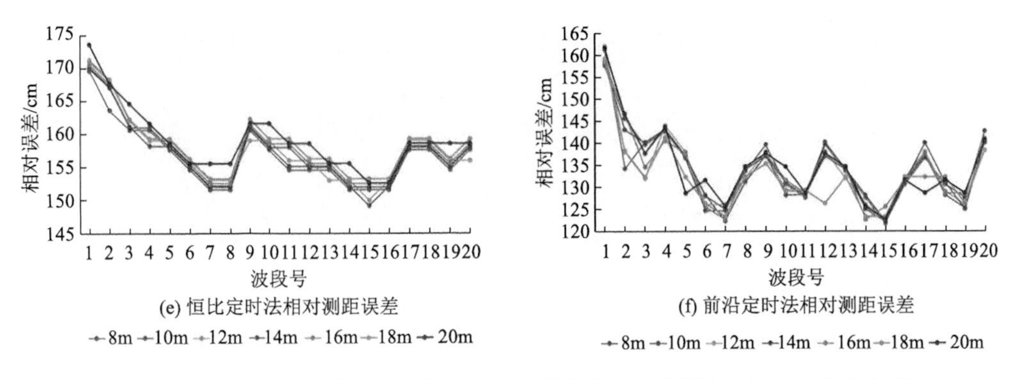

图 3-17　时刻鉴别方法在不同波段测距相对误差分布（彩图请扫封底二维码查看）

3.2.3　脉冲延迟实验和分析

1. 脉冲延迟实验设计

针对高光谱激光雷达系统，我们设计了 HSL 系统脉冲信号衰减评估实验（图 3-18）。该实验通过测试脉冲回波时间与不同距离时各种材质目标之间的关系来实现评估 HSL 光谱通道之间的峰值脉冲回波时间差。

图 3-18　脉冲延迟效应测距实验场景

为了分析距离和目标反射特性对脉冲回波时间的影响，选取三种标准灰板（分别为 30%、40%、50%）和白板（99%）进行测距实验。将目标从距扫描望远镜沿光学方向轴线 4m 处进行扫描。然后将它们向后移动位置并每隔 2m 依次扫描一次，直至距离达到 20m。

为了分析不同植被后向散射特性对脉冲回波时间的影响，从 4 种阔叶植物中采集叶片样品并在不同距离进行测量。如图 3-19 所示，植物叶片种类包括橡皮树叶片、绿萝叶片、红掌叶片和长寿花叶片。HSL 收集的相应光谱反射率如图 3-20 所示。

对于每个实验目标，选择目标物的同一个部位点并在不同的距离处进行测量。为了提高信噪比，避免信号漏检，每一次测量采用 5 个脉冲平均。HSL 采集的 50%灰板光谱

图 3-19　实验叶片样本图片

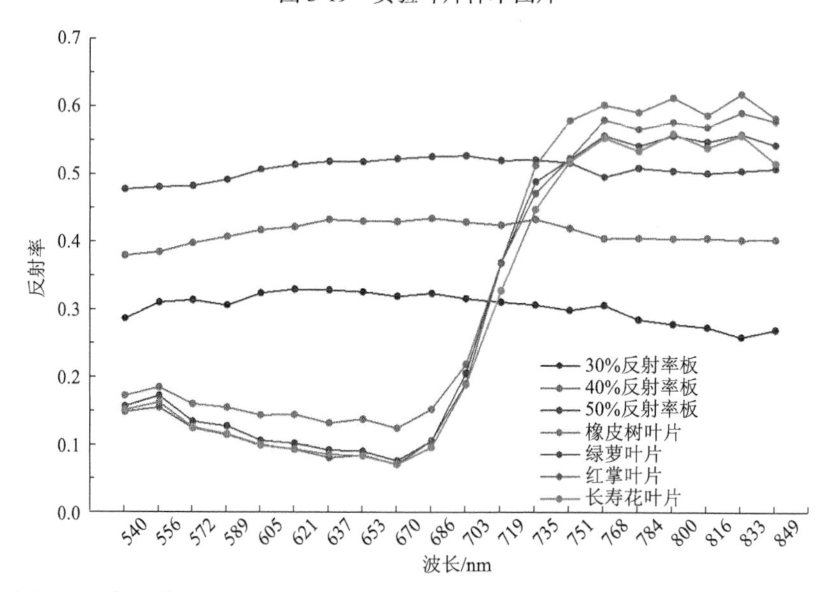

图 3-20　高光谱激光雷达采集的实验样本光谱曲线（彩图请扫封底二维码查看）

波形如图 3-21 所示。由于仪器采样率可能会使波形遗漏取样，脉冲波形采用高斯模型拟合，以便捕捉波形的峰值时间位置。同时，使用激光测距仪（Leica，DISTO D5）测量参考距离值。

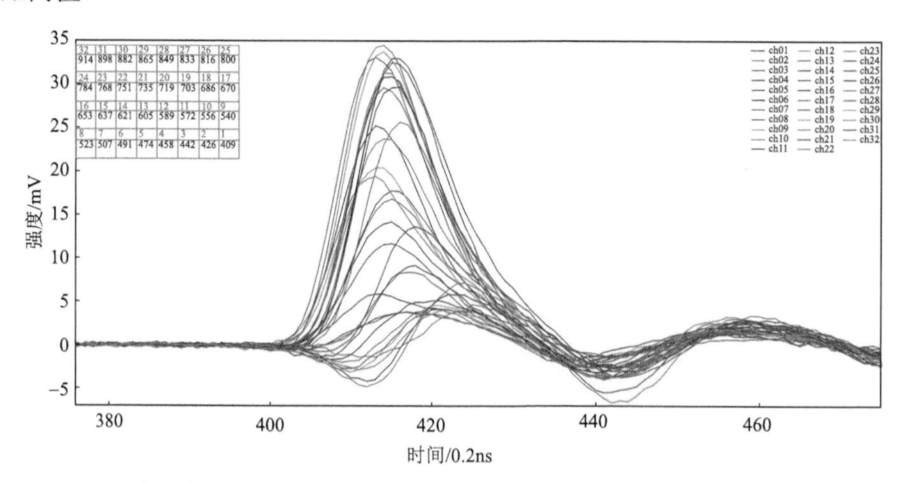

图 3-21　高光谱激光雷达采集的标准灰板的光谱波形（彩图请扫封底二维码查看）

高光谱激光雷达基于脉冲飞行时间法的距离测量值主要包括两部分：①接收望远镜

镜头到参考目标的距离；②仪器内部的光路径长度。后者无法由参考激光测距仪直接测量。因此，为了评估光谱通道的测距精度和脉冲信号延迟效应，我们定义了距离偏差，其是高光谱激光雷达原始测量距离和实际参考距离之间的相对差。该偏差是仪器内部固定光路径长度与每一个通道固有脉冲信号延迟的总和。

2. 脉冲延迟实验结果

以下为基于 HSL 系统的实验结果。图 3-22 显示了对 8 个不同目标收集的 20 个光谱通道在不同距离上的测距偏差。由于脉冲信号延迟效应的不同，可以看到每个通道的距离偏差也是不同的。

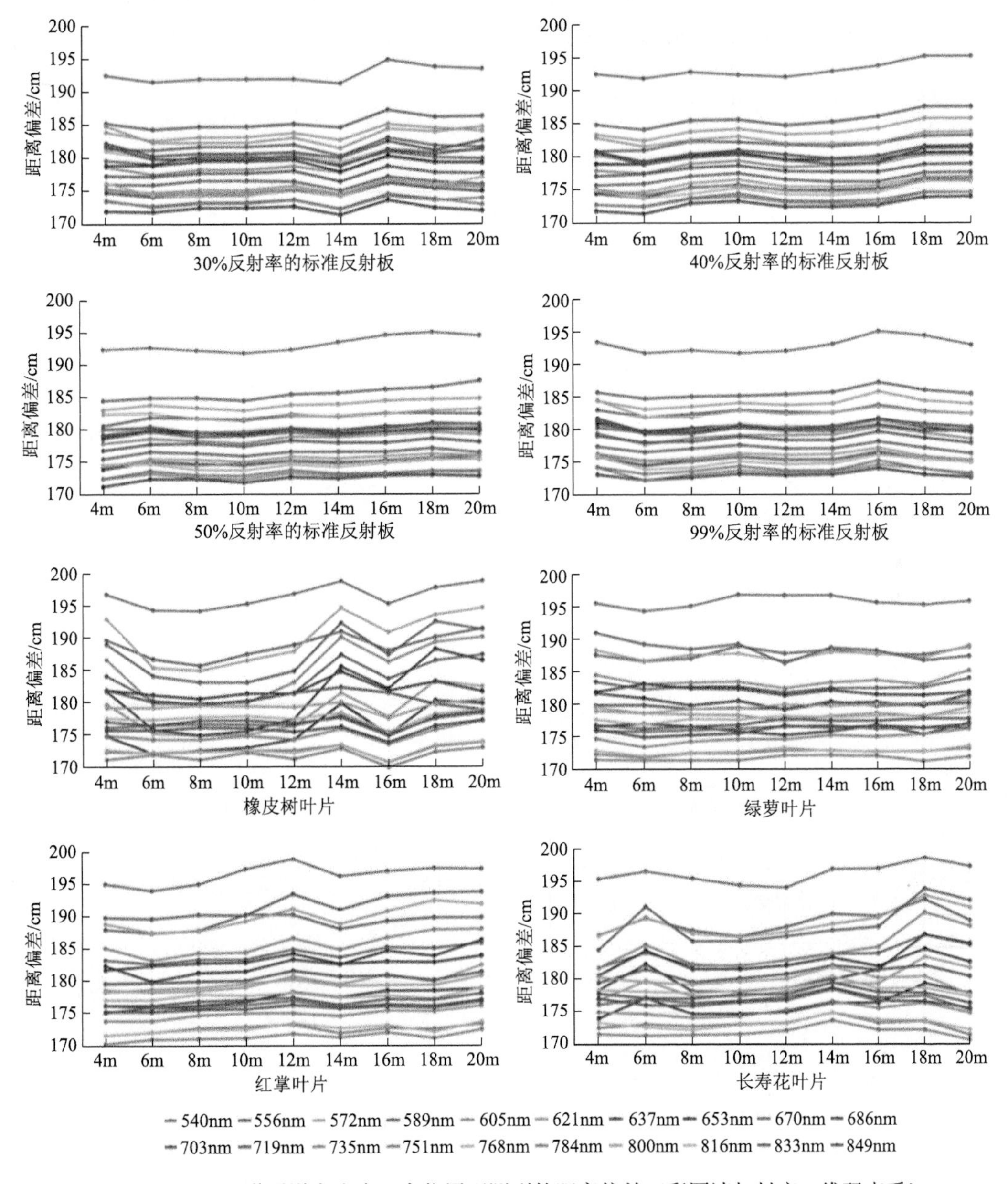

图 3-22　不同光谱通道在多个距离位置观测到的距离偏差（彩图请扫封底二维码查看）

为了更好地分析 20 个光谱通道的距离偏差分布，图 3-23 给出了不同距离的距离偏差谱。每个目标在不同的光谱通道展现出相应不同的距离。目标的距离偏差在光谱上呈“W”形分布，且波长较短的通道比波长较长的通道距离偏差更大，尤其是对于植物叶片样品。从图 3-22 和图 3-23 所示的距离偏差可以观察到以下结果：

（1）不同光谱通道的距离偏差有明显差异。最大值光谱通道间的距离偏差相差约 21cm。

（2）偏差分布的总体趋势是，偏差随着波长变长而减小，即脉冲延迟时间随波长的增加而减小。

（3）对于四个参考板目标，随着距离的增加，不同通道的距离偏差在相同的距离位置上保持一致。其每个光谱通道的偏差显示出和距离无相关性。

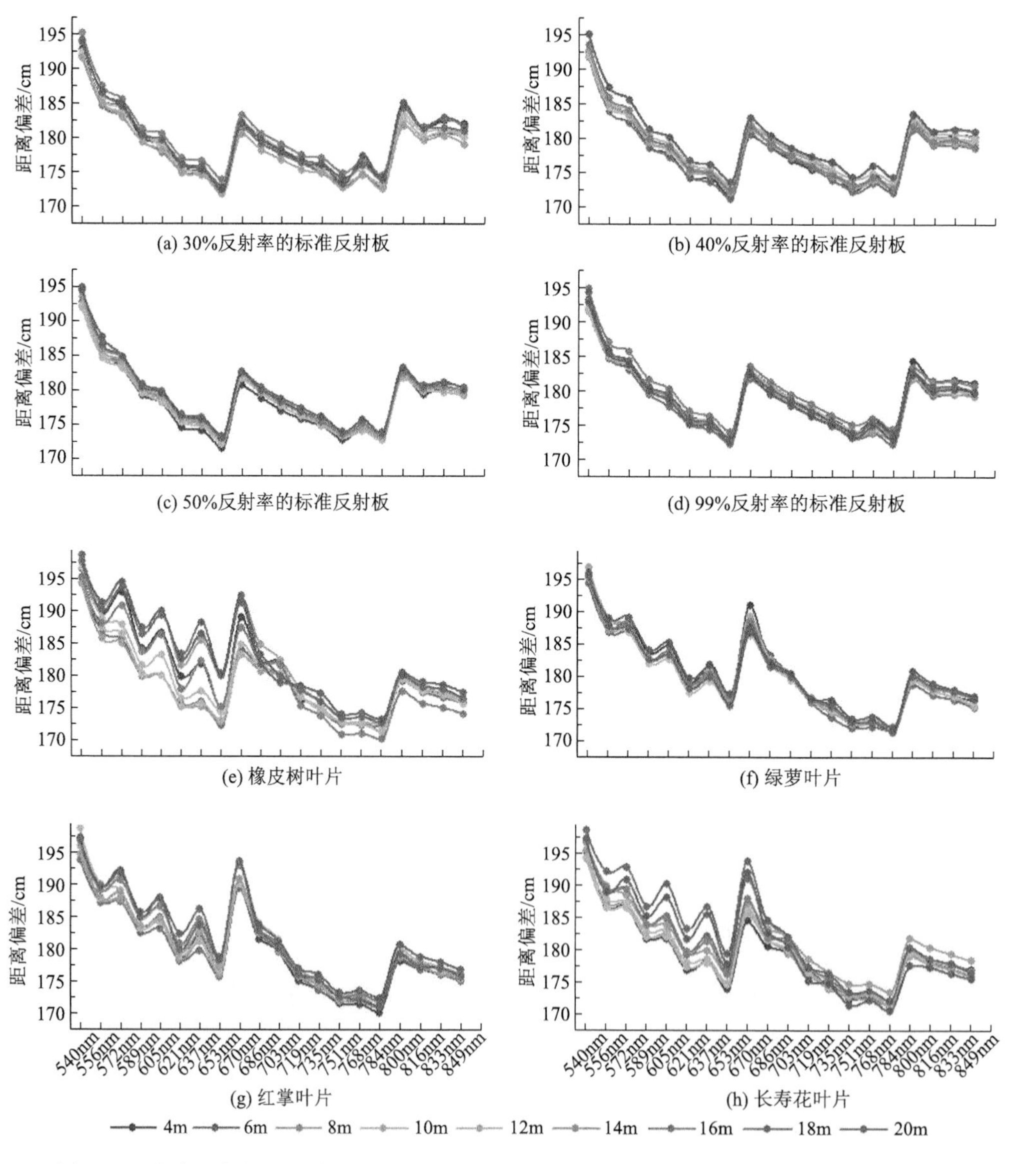

图 3-23　多个距离位置处的不同光谱通道观测到的距离偏差（彩图请扫封底二维码查看）

（4）与参考板目标相比，四种植物叶片可见光波长通道的距离偏差在不同距离上表现出一定的波动。

不同波长下测量距离与实际距离存在差异的原因解释如下：

（1）超连续谱激光源设备的自身特性使每个波长的发射时刻不是严格同步的。因为每一个波长的发射时间都有一个轻微的时间延迟。超连续谱激光光源经非线性光纤发射的光脉冲的激发时间，不仅受到光纤的非线性效应影响，同时也受到光纤的散射特性的影响。因此，HSL 不同波长通道间存在脉冲时间不同步现象。随着波长的增加，回波到达时间较早。而且，随着光纤长度的增加，脉冲信号延迟时间变长。

（2）超连续谱激光源产生准直的宽带光谱激光束，并由 APD 探测器对不同波长采用统一的触发时间进行信号采集。APD 的光谱响应范围为 300～1000nm，具有典型的最大响应度在 730nm。APD 光电探测器量子转换效率的峰值波长为～730nm，其位于植被的红边光谱区域。这也就意味着通过脉冲飞行时间方法测量计算出的红边光谱通道的距离值更准确和稳定。

（3）光电倍增管（PMT）阵列的非线性响应。例如，PMT 探测器的饱和可能会影响检测到的脉冲（通过降低峰值电平），从而影响脉冲回波时间的测量。此外，串扰效应（即在一个通道上产生的杂散信号被另一个通道检测到）会影响输出脉冲形状。这些效应在多道光电倍增管中并不少见，探测器轻微的非线性响应也会导致一定程度的时间延迟偏差。

（4）基于脉冲飞行时间法的 HSL 主要距离测量值包括两部分：扫描望远镜到目标的距离和仪器内部的传输路径。后者引起了测量值与实际距离之间的明显偏差。

（5）由于 HSL 随机测量误差，每个通道的距离偏差随距离会有轻微的变化。示波器的采样率为 5GS/s，相应的数字化随机测量误差为 3cm。另外，脉冲飞行时间是根据存储在示波器中的模拟的数字化采样波形计算的，可能在计算时间间隔时存在有误。

图 3-24 显示了对九个距离位置处测量的距离偏差取平均后的距离偏差对比。可以看到由脉冲信号延迟效应引起的 20 个通道的距离偏差分布对不同的目标物来说具有非线

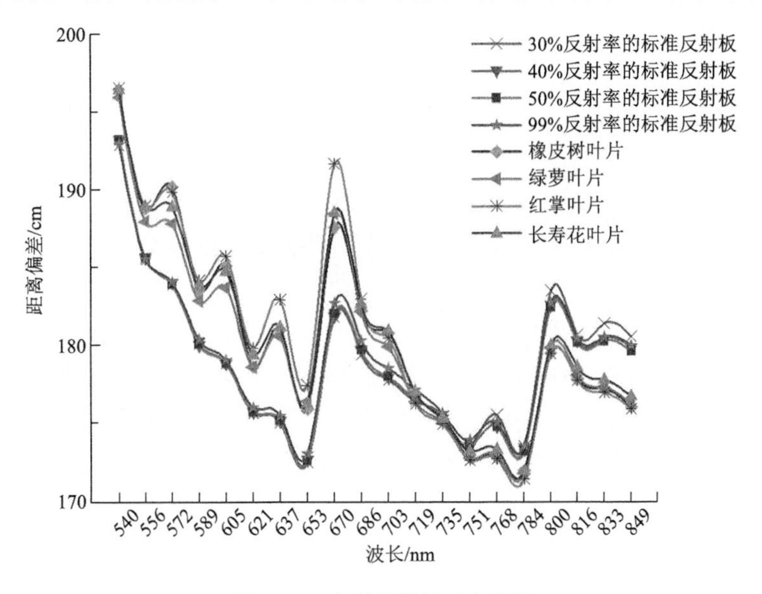

图 3-24　光谱通道的距离偏差

性和不规则性，因此不能直接通过数学函数拟合来修正距离偏差。但是注意到植被红边位置（719nm 和 735nm）的波长通道对于不同目标来说距离偏差保持一致。

3.2.4 脉冲信号延迟标定方法和验证

1. 标定方法

利用高光谱激光雷达扫描可以生成带有光谱信息的三维点云数据[x，y，z，$R(\lambda)$]。但是，对于相同的测量目标光谱通道之间的距离偏差会产生多个[x_λ，y_λ，z_λ，$R(\lambda)$]。如图 3-23 和图 3-24 所示，除红边区的通道外，脉冲信号延迟时间在其他光谱通道间呈不规则分布。红边区域通道的距离偏差不受距离、反射率和光谱后向散射特性影响。红边光谱通道的距离测量值显示较好的稳定性和准确性。

测距是激光雷达重要的功能之一。高光谱激光雷达系统自身发射有一定频率的脉冲信号，其测距方法和常规的单波长脉冲激光雷达一致，采用脉冲飞行时间法进行测距。利用激光源对目标主动发射并接收激光脉冲，计算激光脉冲从系统到观测目标再返回系统的往返时间，根据光的传播速度和脉冲往返的时间可以计算目标到激光雷达系统的距离。假设在空气中的传播速度为 c，激光脉冲的发射时刻为 t_s，脉冲的返回时刻为 t_e，则目标和系统之间的测量距离 R 为两者时间差的一半和光速的乘积：

$$R = \frac{c}{2}(t_e - t_s) \tag{3.9}$$

在实际应用中，为了避免距离歧义，需要确定脉冲信号延迟效应造成的光谱通道之间具体距离差值。对于只有毫米厚度的植物叶片，不同通道之间即使只有一个厘米的不一致也会造成较大的距离歧义影响。为了校准脉冲信号延迟效应，在红边光谱选取任一通道的距离值作为唯一测距值 d，并减去红边通道的相应距离偏差 d_0，以消除仪器内部光路长度和固有脉冲引起的信号延迟偏差。式（3.10）为校正后的测距值：

$$d = \frac{c \cdot (t_{\text{end},\ \lambda_{719}} - t_{\text{start}})}{2} - d_0 \tag{3.10}$$

式中，t_{start} 为触发脉冲的起始时间；t_{end} 为回波脉冲的峰值时间；c 为真空中光速。被校准的距离值 d 与扫描望远镜接到观测目标的距离一致，其被用作唯一测距值来替换所有 20 个光谱通道的测距值。基于几何不变性的高光谱激光雷达几何标定方法，具有消除重影效应的优点，能够避免不同目标光谱后向散射特性的距离歧义。

2. 三维坐标解算方程

本书使用的高光谱激光雷达系统采用二维扫描云台进行点阵扫描成像。如第 1 章介绍，扫描云台在水平和纵向方向步进旋转移动，步进水平和纵向分辨率为 0.026°和 0.013°，在此基础上设置扫描步长 step（无量纲），以确认增加每次步进旋转的角度。设每个测量点在二维扫描点阵的坐标位置为 x_i 和 y_i（无量纲），结合在水平和纵向扫描旋转角度（单位：rad）和测距值 d（单位：cm 或 m），每个扫描点的三维坐标（x，y，z）可根据式（3.11）解算得到：

$$
\begin{cases}
x = d \times \sin(x_i \times \text{step} \times 0.026 \times \dfrac{\pi}{180}) \\
y = d \times \sin(y_i \times \text{step} \times 0.013 \times \dfrac{\pi}{180}) \\
z = d \times \cos(y_i \times \text{step} \times 0.013 \times \dfrac{\pi}{180})
\end{cases} \tag{3.11}
$$

图 3-25 显示了一个标准反射板的三维点云可视化。参考板面积大小为 20cm×20cm，在距 HSL 传感器 5.8m 位置处被扫描。如图 3-25（a）所示，由于 20 个光谱通道具有不同距离测量值，该观测目标存在点云重影现象。校正后结果如图 3-25（b）所示。该校准结果基于特定的通道（719nm）[图 3-25（b）]。脉冲信号延迟效应校准后，消除了点云重影效应，参考板精确的三维几何信息被获得。

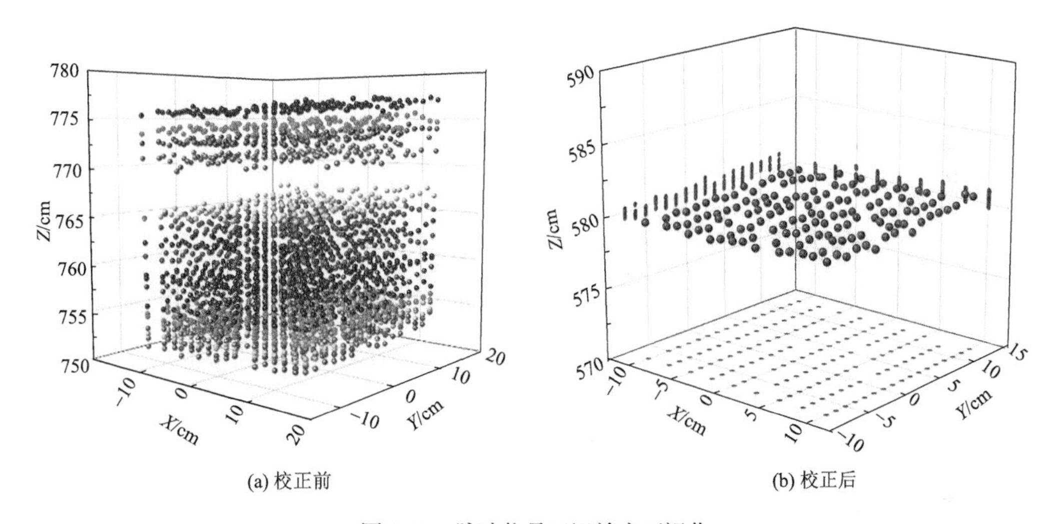

(a) 校正前　　(b) 校正后

图 3-25　脉冲信号延迟效应可视化

图 3-26 展示了一个包含有六种不同材质目标物的室内实验场景。实验场景包括：五种不同的植物叶片（表示为目标 1、2、3 和 5、6）和一块标准反射率灰板（目标 4）。实验设置不同的植被和反射板以验证高光谱激光雷达特定波长通道的距离测量能力。其中，目标 1 和目标 2 之间间隔 30cm，目标 2 和目标 3 之间间隔 20cm。目标 3 位于目标 4 的表面。此外，实验还设置了包括不同倾角的目标（目标 5 和目标 6）。

(a) 顶视图　　(b) 正视图

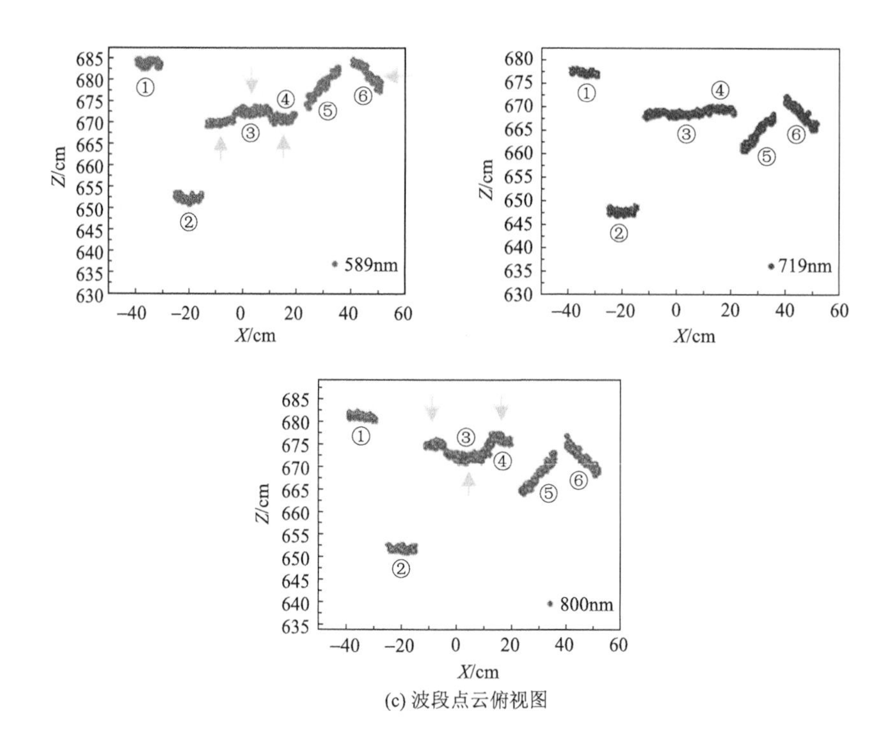

(c) 波段点云俯视图

图 3-26　室内实验场景

高光谱激光雷达采集到的点云数据如图 3.26（c）所示。589nm、719nm 和 800nm 波长通道的假彩色点云分别由红色、蓝色和绿色表示。结果表明，目标 4 的相对位置在 589nm 通道前移，在 800nm 的通道后移。另外，目标 5 和目标 6 在 589nm 通道相对位置很明显是后移的。对于 589nm 和 800nm 通道，图中灰色箭头指示的位置有明显的位置偏差，这与图 3-25 中的偏差结果相对应。由于红边波长通道的几何不变性，在 719nm 通道上显示了独特的波长优势，高光谱激光雷达采集的 719nm 通道点云能够很好地重建所有目标的位置和形状。

本节首先讨论了目前多/高光谱激光雷达系统设计带来的波段间脉冲回波时刻不一致性和所导致的距离测量误差的影响，提出了一种实用的几何校正标定方法。实验结果表明，每个通道的延迟时间随光谱后向散射特性不同而不同，与测量距离和反射率无关。红边光谱通道对目标后向散射特性不敏感，有利于校准脉冲延迟效应。利用标定的距离值得到了目标相对准确的三维点云。该校正方法不仅消除了同一观测目标的重影效应，而且避免了复杂环境中不同光谱后向散射特性目标的距离歧义。几何校正为获取精确几何结构信息的必要一步，为后面章节植被探测和应用奠定基础。

3.3　子光斑效应校正方法

3.3.1　子光斑效应

“子光斑”效应，也称为边缘效应。发射的激光束具有一定的发散角，当照射在目标表面时会形成一定面积大小的光斑。一束光斑落在目标边缘时产生的激光回波信号可能由多个目标共享。例如，当同一束激光光斑位于叶边缘时，返回的激光束包含来自不同叶片和背景目标的多个反射信号（图 3-27）。

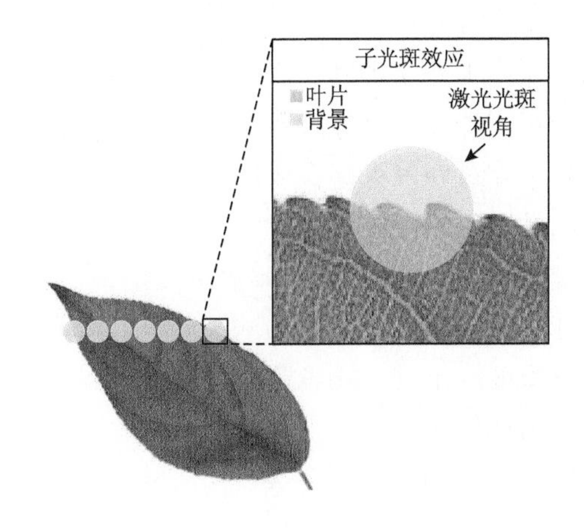

图 3-27　子光斑效应示意图

图 3-28 展示了子光斑效应实验，选用白色盒子、99%反射板和 50%反射板。测量时确保同一束激光束垂直照射到三个前后位置不同的目标。实验中保持中间白色盒子位置不变，逐步移动增加两个反射板和白盒的邻近距离。为了直观对比目标的反射光谱曲线，测量完成后以 99%反射板为标定板获取观测目标的反射率（图 3-29）。图 3-29（a）展示了三个目标单独测量的标准反射率。图 3-29（b）和（c）为目标邻近距离分别为 20cm 和 30cm 时的子光斑贡献的反射率光谱曲线。相距 20cm 时，波形中只能识别出两个波形分量，因此只有两个光谱曲线。由于“子光斑”效应，与单次回波信号相比，发生多次回波信号强度要低得多。每个波长的多回波信号产生的回波信号强度与单次回波信号相比要低，而且子光斑效应会导致目标的光谱反射曲线出现异常。

图 3-28　子光斑效应实验

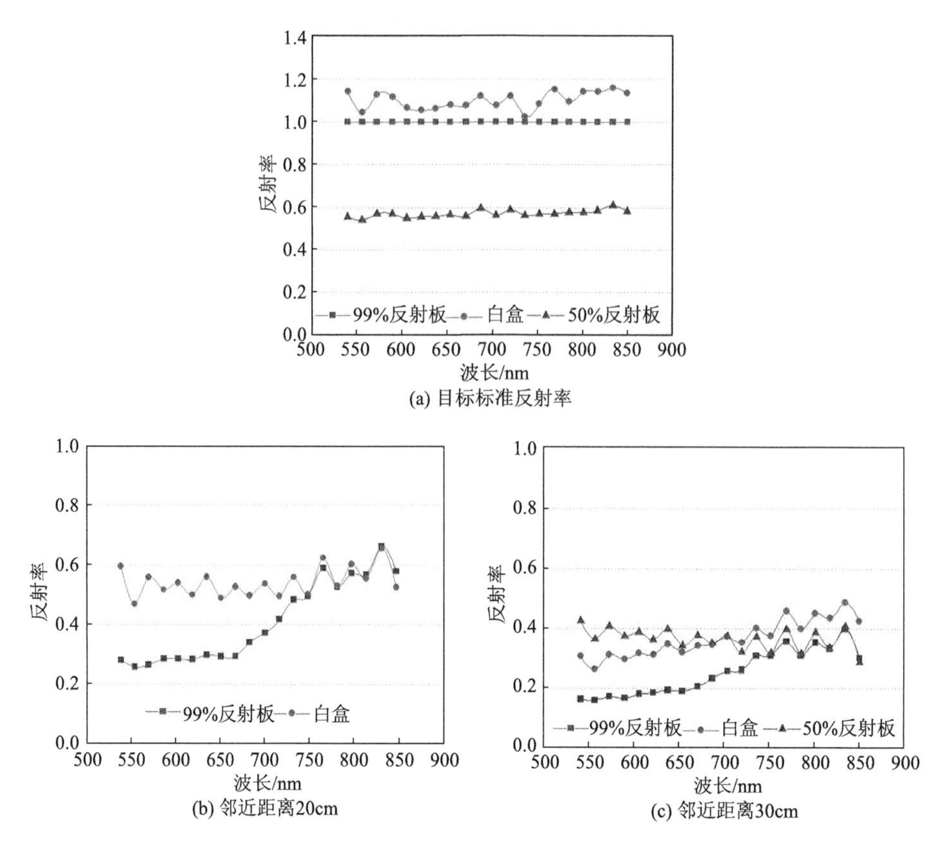

(a) 目标标准反射率

(b) 邻近距离20cm

(c) 邻近距离30cm

图 3-29　子光斑效应对反射率的影响

3.3.2　子光斑效应校正

图 3-30 中火炬花后向散射强度显示了三维植物结构中后向散射强度以及激光比值的差异。在叶片边缘中，由于一束激光可以分成多个激光光斑，使得激光回波的能量被多个目标共享，所以更容易发生多次回波。因此，叶片的后向散射强度减弱，导致叶片的生物化学组分含量估算不准确。图 3-30（b）中，我们观察到叶片边缘的后向散射强度远低于叶片的后向散射强度，这表明子光斑效应也是影响叶片后向散射强度的一个重要因素。

(a) 火炬花

(b) 校正前(近红外波长强度784nm)

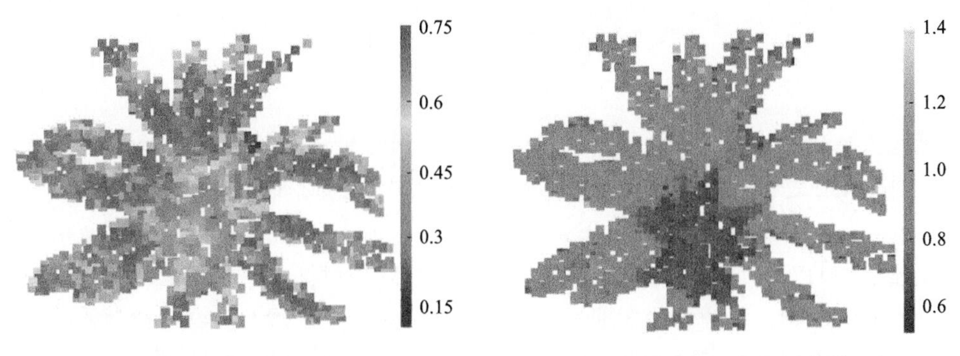

(c) 子光斑效应校正后(激光比值指数$NDLI_{nr}$)　　(d) 子光斑效应校正后(激光比值指数SLR_{ne})

图 3-30　高光谱激光雷达后向散射强度和激光比值可视化（彩图请扫封底二维码查看）

校正子光斑效应对激光后向散射强度的影响改善了叶片边缘后向散射强度的差异[图 3-30（c）和（d）]。我们使用归一化差值激光比值指数（$NDLI_{nr}$）及红边和近红外波长激光比值指数（SLR_{ne}）校正子光斑效应对激光后向散射强度的影响。这两种激光比值指数对子光斑效应不敏感，因为当两个波长的后向散射强度受扫描几何的影响相类似时，这种效应会被部分消除。在红边激光波长范围内，叶片回波强度与叶边缘回波强度有显著差异。这种差异在近红外激光波长上也存在。图 3-31 中，测量的绿色叶片及叶片边缘的红边和近红外波长激光后向散射强度值的差异性可以用子光斑效应引起的强烈回波能量衰减来解释。结果表明，子光斑效应对后向散射强度的影响可以使用 $NDLI_{nr}$ 和 SLR_{ne} 的激光比指数来改善。

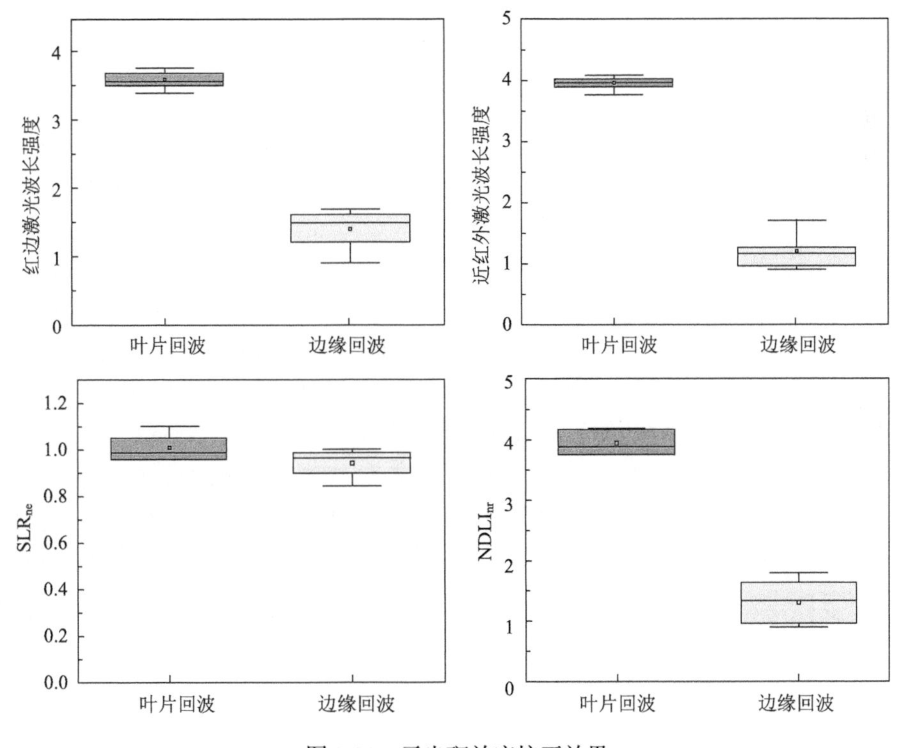

图 3-31　子光斑效应校正效果

3.4 本章小结

高光谱激光雷达的发展，要求新的高光谱激光雷达辐射标定技术进一步促进多波长后向散射强度在遥感领域的应用（Gaulton et al.，2013；Hopkinson et al.，2013；Lin and West，2016；Morsdorf et al.，2009；Zhu et al.，2015）。高光谱激光雷达的宽谱段激光束可以通过小的间隙穿透树冠，提供植被的距离与光谱分布，其中涉及入射角、距离和子光斑效应的影响。更精确和详细的生理和生化信息的空间分布可以从校准后的后向散射强度数据中揭示出来（Bi et al.，2020；Eitel et al.，2014，2010；Li et al.，2016）。高光谱激光雷达的后向散射强度校准是探测目标特性的关键。

本章探讨了 HSL 后向散射强度与入射角、距离的关系。不同目标的入射角和距离实验表明，HSL 记录的后向散射强度（图 3-4 和图 3-7）不完全遵循理论模型，包括朗伯特余弦定理模型和 $1/R^2$ 距离关系模型，这与最近的一些研究相一致（Hu et al.，2020；Kaasalainen et al.，2018；Krooks et al.，2013）。具有各向同性反射表面的目标的激光后向散射强度随入射角和距离变化具有相似的趋势，并且在扫描几何效应上似乎没有波长依赖性。与标准反射板相比，叶片目标的激光后向散射强度与这些效应呈现波长依赖关系。激光后向散射强度随入射角、距离和波长的变化而变化。这可以用叶表面特性来解释，如表面粗糙度对其影响明显。另外，由于叶片在红光和绿光波长中的吸收而导致其信噪比降低进而影响获取的后向散射强度。另外，考虑扫描几何对信噪比的影响，测量信号噪声随入射角和距离的增加而增大。

在校正方法方面，基于参考目标的模型[式（3.4）]表明，在相同入射角和距离下，相同波长强度的参考目标可以改善入射角和距离对每个激光波长后向散射强度的影响（图 3-8 和 3-10）。然而，基于参考目标的方法存在一些局限性。当入射角或距离过大（如角度>60°，距离>14m）时，校正误差无法消除。另外，对于基于参考目标的方法，即使能够很好地记录回波信号，但由于在树冠等复杂目标的测量中，我们不能准确地获取被测目标的入射角，因此难以校正入射角和距离效应。

两个波长的激光比值对入射角和距离效应不敏感，因为当两个波长的后向散射强度同样受到入射角和距离的影响时，这些效应会被部分消除（Gaulton et al.，2013）。然而，结果表明，绿光和近红外波长激光比值指数（SLR_{ng}）和三波长激光比值指数（DLR_{ner}）不能消除入射角和距离对 HSL 后向散射强度的影响（图 3-12 和图 3-13）。改善扫描几何效应的候选波长可以是红边波长（RE，700～730nm）和近红外激光波长（NIR，780～850nm），这些波长通常被作为对叶面氮和叶绿素高度敏感的指数波长（Eitel et al.，2014）。在 RE 和 NIR 光谱区域，与绿色和红色光谱区相比，由于叶片吸收率较低，各向同性反射分量会更高。我们的校正结果证实，归一化差值激光比值指数（如 $NDLI_{ne}$ 和 $NDLI_{nr}$）及红边和近红外波长激光比值指数（SLR_{ne}）降低了扫描几何效应对 HSL 激光后向散射强度的影响。此外，红边和近红外波长激光比值指数改善了子光斑效应在叶片边缘的影响。

然而，目前的研究结果是基于小而简单的树冠的阔叶树种，还不能隐含地推广到更大更复杂的树冠场景中。针对高光谱激光雷达，特别是多次散射在不同波长的影响方面，还需要进一步研究。此外，还需要研究表面粗糙度或粒径大小效应及其校正方法（Kashani et al.，2015；Soudarissanane et al.，2011）。综上所述，基于该研究，HSL 辐射校正技术被进一步完善。HSL 不仅能够获得准确而丰富的光谱强度和空间信息，还能够提供植被结构和生化组分信息（Bi et al.，2020；Morsdorf et al.，2009），从而更好地表征植被特性。

本章讨论了入射角、距离和子光斑对高光谱激光雷达后向散射强度的影响，介绍并提出了相应的校正方法。结果表明，三种效应对后向散射强度有显著的影响，并表现出一定的波长依赖性。提出的归一化差值激光比值指数及红边和近红外波长激光比值指数（如 $NDLI_{nr}$ 及 SLR_{ne}）可以消除入射角、距离和子光斑效应影响，比基于参考目标的模型方法更精确和有效。大多数激光扫描后向散射强度的校准方法只考虑单个波长，与单波长激光雷达相比，高光谱激光雷达在消除入射角、距离和子光斑效应方面具有独特的优势。这一优点有助于简化校准流程，提高校准精度。本章研究进一步发展了激光雷达辐射校正方法，使高光谱激光雷达光谱强度数据质量得到进一步优化，此外为植被定量探测和应用奠定了基础。

参 考 文 献

Agrawal G P. 2008. Applications of Nonlinear Fiber Optics. Phoenix: Phoenix Lieb Press.

Agrawal G P. 2019. Nonlinear fiber optics. Pittsburgh: Academic Press RM.

Barnes E, Clarke T R, Richards S E, et al. 2000. Coincident detection of crop water stress, nitrogen status, and canopy density using ground based multispectral data. Bloomington, MN USA: Proceedings of the 5th International Conference on Precision Agriculture and other resource management.

Bi K, Xiao S, Gao S, et al. 2020. Estimating vertical chlorophyll concentrations in maize in different health states using hyperspectral LiDAR. IEEE Transactions on Geoscience and Remote Sensing, 58: 8125-8133.

Chen Y, Räikkönen E, Kaasalainen S, et al. 2010. Two-channel hyperspectral LiDAR with a supercontinuum laser source. Sensors, 10: 7057-7066.

Chen Y, Li W, Hyyppä J, et al. 2019. A 10-nm spectral resolution hyperspectral LiDAR system based on an acousto-optic tunable filter. Sensors (Switzerland), 19(7): 1620.

Dash J, Curran P J. 2004. The MERIS terrestrial chlorophyll index. International Journal of Remote Sensing, 25: 5403-5413.

Dudley J M, Genty G, Coen S. 2006. Supercontinuum generation in photonic crystal fiber. Reviews of Modern Physics, 78: 1135-1184.

Eitel J U, Vierling L A, Long D S. 2010. Simultaneous measurements of plant structure and chlorophyll content in broadleaf saplings with a terrestrial laser scanner. Remote Sensing of Environment, 114: 2229-2237.

Eitel J U, Magney T S, Vierling L A, et al. 2014. Assessment of crop foliar nitrogen using a novel dual-wavelength laser system and implications for conducting laser-based plant physiology. ISPRS Journal of Photogrammetry and Remote Sensing, 97: 229-240.

Gaulton R, Danson F M, Ramirez F A, et al. 2013. The potential of dual-wavelength laser scanning for estimating vegetation moisture content. Remote Sensing of Environment, 132: 32-39.

Gitelson A A, Merzlyak M N. 1994. Spectral reflectance changes associated with autumn senescence of *Aesculus hippocastanum* L. and *Acer platanoides* L. leaves. spectral features and relation to chlorophyll estimation. Journal of Plant Physiology, 143: 286-292.

Gitelson A A, Keydan G P, Merzlyak M N. 2006. Three-band model for noninvasive estimation of chlorophyll, carotenoids, and anthocyanin contents in higher plant leaves. Geophysical Research Letters, 33(11): L11402(1-5).

Hakala T, Suomalainen J, Kaasalainen S, et al. 2012. Full waveform hyperspectral LiDAR for terrestrial laser scanning. Optics Express, 20: 7119-7127.

Hopkinson C, Lovell J, Chasmer L, et al. 2013. Integrating terrestrial and airborne LiDAR to calibrate a 3D canopy model of effective leaf area index. Remote Sensing of Environment, 136: 301-314.

Hu P, Huang H, Chen Y, et al. 2020. Analyzing the angle effect of leaf reflectance measured by indoor hyperspectral light detection and ranging (LiDAR). Remote Sensing, 12: 919.

Kaasalainen S, Åkerblom M, Nevalainen O, et al. 2018. Uncertainty in multispectral LiDAR signals caused by incidence angle effects. Interface Focus, 8: 20170033.

Kashani A G, Olsen M J, Parrish C E, et al. 2015. A review of LIDAR radiometric processing: From ad hoc intensity correction to rigorous radiometric calibration. Sensors (Switzerland), 15: 28099-28128.

Krooks A, Kaasalainen S, Hakala T, et al. 2013. Correction of intensity incidence angle effect in terrestrial laser scanning.

Li W, Niu Z, Sun G, et al. 2016. Deriving backscatter reflective factors from 32-channel full-waveform LiDAR data for the estimation of leaf biochemical contents. Optics Express, 24: 4771-4785.

Li W, Jiang C, Chen Y, et al. 2018. A liquid crystal tunable filter-based hyperspectral LiDAR system and its application on vegetation red edge detection. IEEE Geoscience and Remote Sensing Letters, 2: 291-295.

Lin Y, West G. 2016. Retrieval of effective leaf area index (LAIe) and leaf area density (LAD) profile at individual tree level using high density multi-return airborne LiDAR. International Journal of Applied Earth Observation and Geoinformation, 50: 150-158.

Morsdorf F, Nichol C, Malthus T, et al. 2009. Assessing forest structural and physiological information content of multi-spectral LiDAR waveforms by radiative transfer modelling. Remote Sensing of Environment, 113: 2152-2163.

Niu Z, Xu Z, Sun G, et al. 2015. Design of a new multispectral waveform LiDAR instrument to monitor vegetation. IEEE Geoscience and Remote Sensing Letters, 12: 1506-1510.

Saini T S, Baili A, Kumar A, et al. 2015. Design and analysis of equiangular spiral photonic crystal fiber for mid-infrared supercontinuum generation. Journal of Modern Optics, 62: 1570-1576.

Soudarissanane S, Lindenbergh R, Menenti M, et al. 2011. Scanning geometry: Influencing factor on the quality of terrestrial laser scanning points. ISPRS Journal of Photogrammetry and Remote Sensing, 66: 389-399.

Wagner W, Ullrich A, Ducic V, et al. 2006. Gaussian decomposition and calibration of a novel small-footprint full-waveform digitising airborne laser scanner. ISPRS Journal of Photogrammetry and Remote Sensing, 60: 100-112.

Yang H, Han F, Hu H, et al. 2014. Spectral-temporal analysis of dispersive wave generation in photonic

crystal fibers of different dispersion slope. Journal of Modern Optics, 61: 409-414.
Zarco-Tejada P J, Miller J R, Noland T L, et al. 2001. Scaling-up and model inversion methods with narrowband optical indices for chlorophyll content estimation in closed forest canopies with hyperspectral data. IEEE Transactions on Geoscience and Remote Sensing, 39: 1491-1507.
Zhu X, Wang T, Darvishzadeh R, et al. 2015. 3D leaf water content mapping using terrestrial laser scanner backscatter intensity with radiometric correction. ISPRS Journal of Photogrammetry and Remote Sensing, 110: 14-23.

第 4 章　植被理化参数探测基础

氮素和叶绿素是植被生长中的重要生化组分。叶绿素与光合作用有关，而光合作用是植物有机化合物中能量和碳的重要来源；氮素是叶绿素、蛋白质和核酸中的关键组成（Clevers and Kooistra，2012）。因此，叶片叶绿素和氮含量的快速无损测量测定对于精确农业和碳循环等应用具有重要意义（Clevers and Kooistra，2012；Wu et al.，2008）。HSL 作为新型遥感设备目前正处在研制阶段，因此各研究机构根据其具体实验计划逐步研制 HSL 设备，并开展各种实验对高光谱激光雷达的探测能力和应用前景进行探索（Gong et al.，2012；Hu et al.，2020；Niu et al.，2015）。然而，HSL 的探测机制与传统被动光学遥感的探测不同，HSL 作物主动遥感获取的是目标物的后向散射强度，而高光谱影像获取的则是目标物的辐射值，因此需要探究 HSL 现有波段对植被理化参数反演的可行性。二维叶片尺度的数据采集受叶倾角、边缘效应等因素干扰较少，因而有利于从机理上探究高光谱激光雷达光谱波段的反演能力。本章在分析高光谱激光雷达光谱波段的前提下，利用获取的二维叶片数据集对高光谱激光雷达的反演能力进行初步探索，为后续植被理化参数的三维构建提供基础。

4.1　高光谱激光雷达信号分析

4.1.1　回波强度分析

高光谱激光雷达主动发射激光脉冲，接收包含目标物信息的后向散射回波曲线来实现对目标物属性的探测。在二维叶片尺度进行高光谱激光雷达数据扫描时，参考白板放在和叶片一致的位置上进行扫描，从而通过计算叶片与参考板间回波强度的比值来获取叶片的反射率信息。高光谱激光雷达的发射波形和接收波形如图 4-1 所示。高光谱激光雷达的光谱波段为 32 个，因此每个目标点处可以获取 32 条回波强度曲线，如图 4-2 所示。尽管采用同一发射脉冲，但不同波段其探测器敏感度有差别，造成各波段的回波强度不一致。

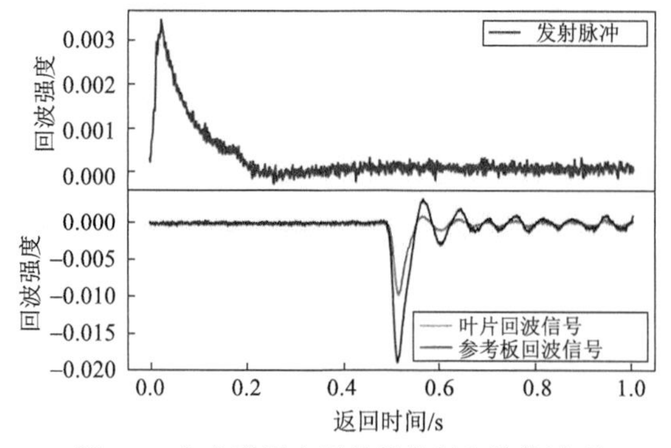

图 4-1　高光谱激光雷达的发射和接收波形

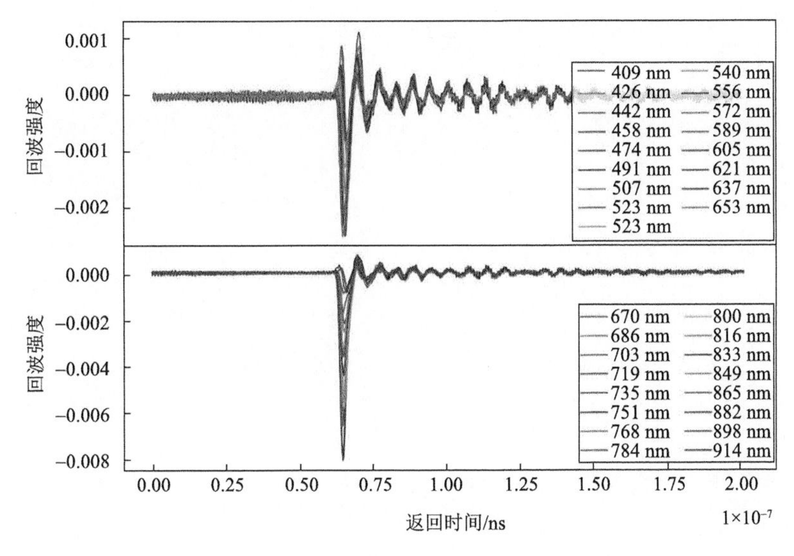

图 4-2　高光谱激光雷达 32 个波段的接收波形（彩图请扫封底二维码查看）

4.1.2　反射率分析

由于实验中所使用的高光谱激光雷达设备在 523～833nm 光谱范围内具有更高的信噪比，因此图 4-3 中仅展示了该范围内的 20 个光谱波段。大多数的波段都位于可见光区域，其他波段位于近红外区域。从图中可以看出，高光谱激光雷达的回波曲线整体上比较平滑，且中间的波段具有更高的信噪比。在对叶绿素、氮素等生化参数敏感的红边区域（670～760nm），该曲线呈现出了明显的上升趋势。

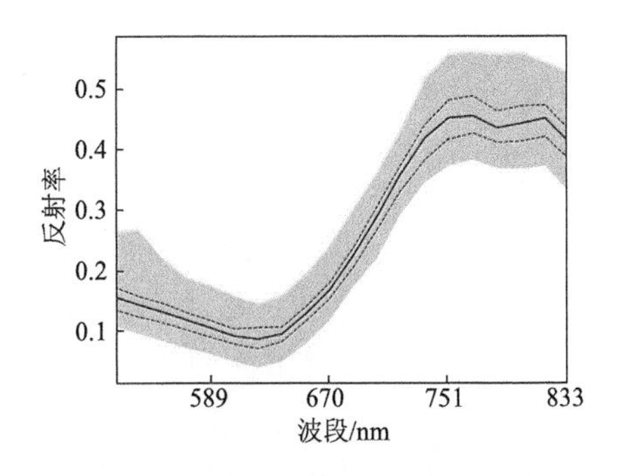

图 4-3　高光谱激光雷达反射率曲线

敏感性分析可以确定每个输入参数对输出变量的贡献，从而有利于分析输入参数在不同波段的敏感性程度（Sun et al.，2018）。敏感性分析阐述了不同输入参数对各高光谱激光雷达波段反射率的贡献值，该敏感性分析的过程在 MATLAB 中进行。敏感性分析结果如图 4-4 所示。尽管高光谱激光雷达的中心波长和光谱分辨率与商业化光谱仪不同，但其使用的 20 个波段在理论上仍可以对目标生化组分进行有效提取。在大于 735nm 的波段中，叶片结构参数的变化对反射率的变化解释作用超过 70%; 对于 523～719nm 光谱范围内的波段，叶绿素对反射率的影响程度超过 50%。由于叶绿素含量和氮素间具有很强的相关性，因此可以推断高光谱激光雷达的现有波段设置在理论上具有估算氮素含量的可行性。

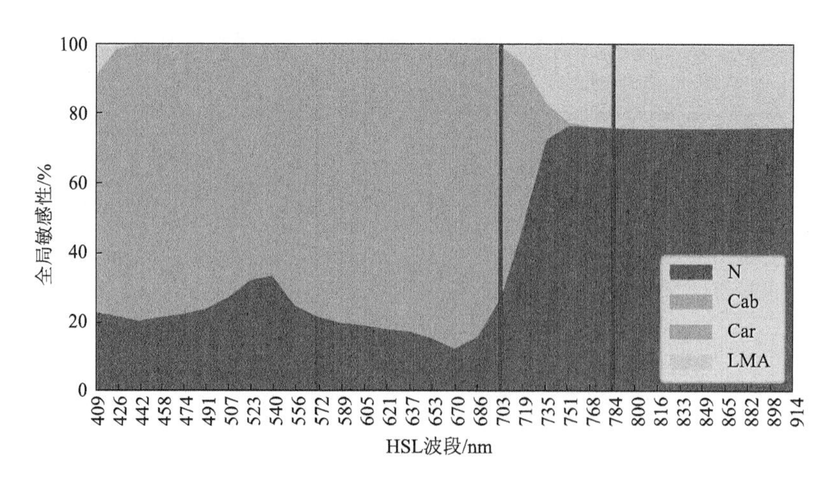

图 4-4 PROSPECT-5 输入变量对光谱反射率的全局敏感性分析（彩图请扫封底二维码查看）
光谱波段对应于高光谱激光雷达系统的波段

4.2 叶片叶绿素含量反演

由于高光谱激光雷达系统尚处在研制阶段，其光谱信息的稳定性和信噪比都比较低。为了验证该仪器所使用波段对叶绿素反演的有效性，本书在进行植被指数的选取时，共选用了三个数据集：高光谱激光雷达的实测数据集、PROSPECT 模拟数据集、ANGERS 公用数据集。为了分析高光谱激光雷达对叶绿素含量的反演能力，首先利用 PROSPECT-5 模拟数据集和 ANGERS 公用数据集从理论上对高光谱激光雷达的波段进行分析，然后利用高光谱激光雷达实测数据集进行验证。

4.2.1 PROSPECT-5 和 ANGERS 数据集

利用 PROSPECT-5 前向模式直接运行得到的合成数据集 n=1000，该数据集具有理论上的可靠性，但由于该数据集是模型模拟出来的，难以将实际的环境干扰考虑进去。公共数据集 ANGERS n=276，该数据集是利用 ASD 仪器在不同环境下对不同物种采集而来的，具有很高的代表性。由于 PROSPECT 合成数据集和 ANGERS 公用数据集的光谱分辨率都设为 1 nm，在对两个数据应用之前，需求根据高光谱激光雷达传感器的光谱宽度和光谱位置对这两个数据集的反射率进行重采样，因此，所使用的三个数据集均包含 32 个光谱波段。在计算植被指数时，选择最接近所需波长的光谱波段进行计算。选择的指数如表 4-1 所示。

表 4-1 选用的植被指数

植被指数	公式	参考文献
SR	R_{810} / R_{560}	（Xue et al.，2004）
SR^2	R_{750} / R_{710}	（Zarco-Tejada et al.，2001）
MSR	$\frac{(R_{800} / R_{670})-1}{\sqrt{(R_{800} / R_{670})+1}}$	（Chen，1996）

续表

植被指数	公式	参考文献
$CI_{red\ edge}$	$(R_{780}/R_{710})-1$	（Gitelson et al.，2003，2006）
CI_{green}	$(R_{780}/R_{550})-1$	（Gitelson et al.，2006）
NDRE	$(R_{790}-R_{720})/(R_{790}+R_{720})$	（Barnes et al.，2000）
NDVI [705，750]	$(R_{750}-R_{705})/(R_{750}+R_{705})$	（Gitelson and Merzlyak，1994）
NDVI[670，800]	$(R_{800}-R_{670})/(R_{800}+R_{670})$	（Rouse，1974）
MTCI	$(R_{754}-R_{709})/(R_{709}-R_{681})$	（Dash and Curran，2004）
PRI	$(R_{531}-R_{570})/(R_{570}+R_{531})$	（Gamon et al.，1992）

注：SR（simple ratio），比值植被指数；MSR（modified simple ratio），改进比值植被指数；$CI_{red\ edge}$（red-edge chlorophyll index），红边叶绿素指数；CI_{green}（green chlorophyll index），绿色叶绿素指数；NDRE（normalized difference red edge），归一化差异红边指数；MTCI（MERIS terrestrial chlorophyll index），MERIS 陆地叶绿素指数；PRI（photochemical reflectance index），校正光学反射率指数。

首先对 PROSPECT-5 合成数据集的光谱波段和反演结果进行分析，基于合成数据集各植被指数的拟合精度如表 4-2 所示。总体来说，几个光谱指数在反演叶片叶绿素含量方面取得了比较高的精度，这表明基于高光谱激光雷达波段的光谱信息在理论上可以通过基于比率或归一化的光谱指数来估计叶绿素。在所有植被指数中，NDRE 与叶绿素含量的拟合效果最优[$R^2=0.97$，图 4-5（a）]，其次是 $CI_{red\ edge}$、CI_{green} 和 SR^2 这三个指数，拟合精度相同（$R^2=0.96$）。由于 PROSPECT-5 合成数据集不包含各种类型的环境噪声，不能模拟实际的应用情况，因此使用 ANGERS 公共数据集对基于高光谱激光雷达波段的植被指数做进一步分析。$CI_{red\ edge}$ 的性能最好[$R^2=0.95$，图 4-5（b）]，其次是 NDRE（$R^2=0.94$）。从 PROSPECT-5 合成数据集和 ANGERS 公用数据集这两组数据的反演结果来看，基于 $CI_{red\ dege}$ 和 NDRE 的高光谱激光雷达波段对叶绿素含量估计最优。

表 4-2　各数据集中植被指数和叶绿素的拟合精度

数据集	SR1	SR^2	MSR	$CI_{red\ edge}$	CI_{green}
PROSPECT	0.95	0.96	0.74	0.96	0.96
ANGERS	0.93	0.93	0.37	0.95	0.92
HSL	0.20	0.79	0.50	0.84	0.76

数据集	NDRE	NDVI [705，750]	NDVI [670，800]	MTCI	PRI
PROSPECT	0.97	0.92	0.50	0.55	0.48
ANGERS	0.94	0.75	0.21	0.35	0.40
HSL	0.73	0.79	0.50	0.78	0.17

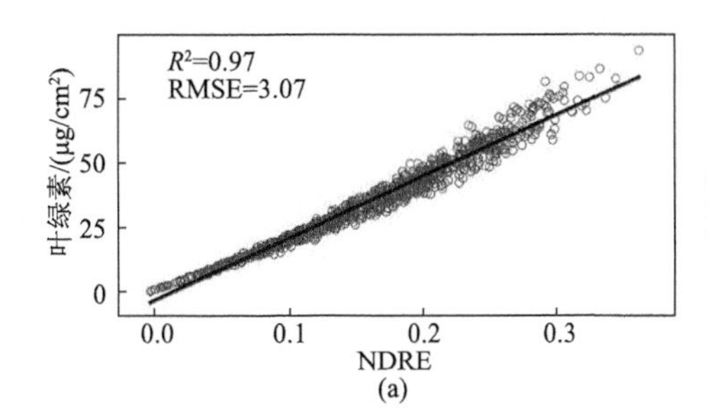

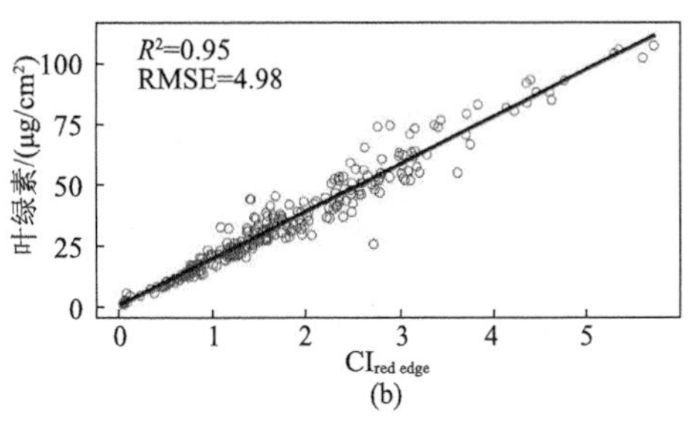

图 4-5　PROSPECT-5 数据集和 ANGERS 数据集最优植被指数与叶绿素含量的拟合关系

4.2.2 高光谱激光雷达实测数据集

在对以上两个数据集进行分析的基础上，利用高光谱激光雷达实测数据进行叶绿素含量反演，不同植被指数和叶绿素的拟合精度如表 4-2 所示。使用 $CI_{red\ edge}$ 反演叶绿素含量的效果最优，这与 ANGERS 公共数据集类似。但是，有些植被指数，如 SR1、PRI 等反演效果不佳，可能是因为这些指数与高光谱激光雷达波段不兼容。$CI_{red\ edge}$ 的拟合散点图如图 4-6 所示，该植被指数与叶绿素呈正相关（$R^2 = 0.84$，RMSE = 0.13）。与 PROSPECT-5 数据集和 ANGERS 公用数据集相比，高光谱激光雷达实测数据集的部分光谱指数在估算叶绿素含量时表现出不同的反演能力，一方面是因为高光谱激光雷达原型设备的部分光谱波段信噪比较低，与目标物实际的光谱反射率存在差异；另一方面是因为主动和被动遥感观测机制的不同导致其获取的数据有差异，获得的高光谱激光雷达的原始数据是后向散射回波强度而不是半球反射值。尽管高光谱激光雷达采集的数据受到以上因素的影响，基于高光谱激光雷达波段的植被指数性能仍然得到了初步验证。

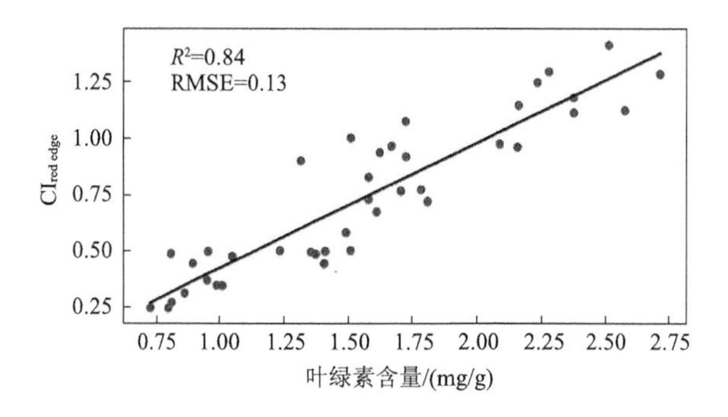

图 4-6 基于高光谱激光雷达实测数据集的 $CI_{red\ edge}$ 和叶绿素含量的拟合关系

综合三个数据集的反演结果来看，基于高光谱激光雷达波段的 $CI_{red\ edge}$ 指数是所有选择的比值和归一化植被指数中对叶绿素含量反演效果最优的指数。$CI_{red\ edge}$ 光谱指数中所用的高光谱激光雷达波段为 703nm 波段和 784nm 波段，从敏感性分析的结果中可以看出，中心波长为 703 nm 的高光谱激光雷达波段对叶绿素含量敏感，而中心波长为 784 nm 的高光谱激光雷达波段与叶片结构参数氮有很高的相关性。

4.3 叶片氮素含量反演

4.3.1 植被指数方法

植被指数是最常用的反演方法，植被指数需对目标生化参数敏感，而对其他参数不敏感。选取的植被指数如表 4-3 所示。在植被指数计算时，选取最接近所需波段的高光谱激光雷达通道进行计算。不同的植被指数在氮素估计时具有不同的反演精度，R^2 在 0.32～0.65 之间，如表 4-4 所示。

表 4-3　选取的植被指数

植被指数	公式	参考文献
$CI_{red\ edge}$	$R_{780}/R_{710}-1$	（Gitelson et al.，2003，2006）
CI_{green}	$R_{780}/R_{750}-1$	（Gitelson et al.，2003，2006）
MSR	$\frac{(R_{750}/R_{705})-1}{\sqrt{(R_{750}/R_{705})+1}}$	（Wu et al.，2008)
MTCI	$(R_{754}-R_{709})/(R_{709}-R_{681})$	（Dash and Curran，2004）
MCARI	$[(R_{750}-R_{705})-0.2(R_{750}-R_{550})](R_{750}/R_{705})$	（Wu et al.，2008）
NDRE	$(R_{790}-R_{720})/(R_{790}+R_{720})$	（Barnes et al.，2000）
NDVI	$(R_{750}-R_{705})/(R_{750}+R_{705})$	（Gitelson and Merzlyak，1994）
SR	R_{810}/R_{560}	（Xue et al.，2004）
SR^2	R_{750}/R_{710}	（Zarco-Tejada et al.，2001）

所选的植被指数对氮素均呈现出正相关关系，高光谱激光雷达数据集和 ASD 数据集的最高 R^2 分别为 0.62 和 0.65。由于 $CI_{red\ edge}$ 指数的反演效果最佳，因此图 4-7 展示了氮素含量与该指数之间的散点图。

表 4-4　各数据集中植被指数和氮素的拟合精度

数据集	$CI_{red\ edge}$	CI_{green}	MSR	MTCI	MCARI	NDRE	NDVI	SR	SR^2
HSL	0.62	0.58	0.46	0.58	0.32	0.61	0.61	0.43	0.60
ASD	0.65	0.59	0.61	0.64	0.52	0.62	0.58	0.62	0.64

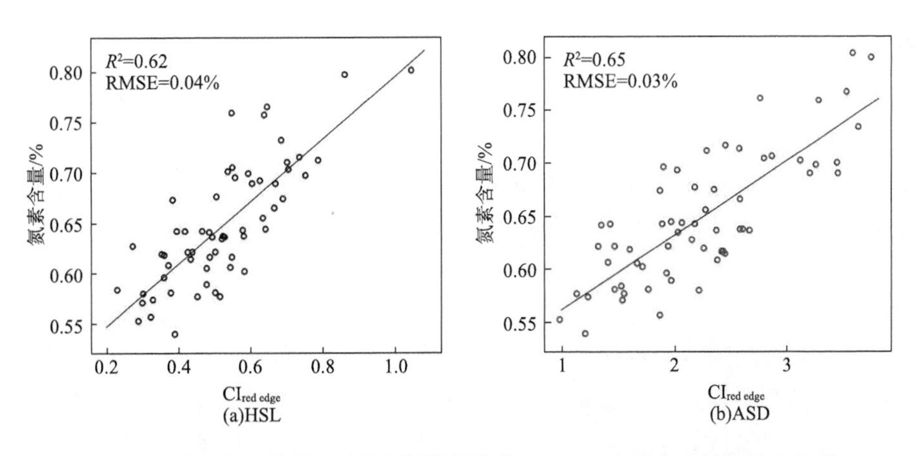

图 4-7　基于高光谱激光雷达实测数据集的 $CI_{red\ edge}$ 和氮素含量的拟合关系

4.3.2　偏最小二乘方法

偏最小二乘回归（PLSR）是一种应用线性变换的线性非参数估计方法，已被广泛应用于各种植被理化参数的反演中（Verrelst et al.，2018）。PLSR 在反射率和目标性状之间构建了一个线性多元变量，适用于小型和共线性数据集，其内部机制如下式所示：

$$Y = \beta X + \varepsilon \tag{4.1}$$

式中，X 和 Y 分别为自变量和因变量的平均中心矩阵；β 为回归系数；ε 为残差矩阵。

将植被指数作为模型输入，利用 PLSR 模型进行氮素含量的反演，并构建实测值与反演值之间的拟合直线，如图 4-8 所示。相比于基于单个植被指数的氮素反演，PLSR 模型具有更高的反演精度，由实测值与反演值组成的数据对更加接近 1∶1 直线。ASD 的反演结果 R^2 为 0.69，RMSE 为 0.03%；高光谱激光雷达（HSL）数据集 R^2 为 0.66，RMSE 为 0.04%。

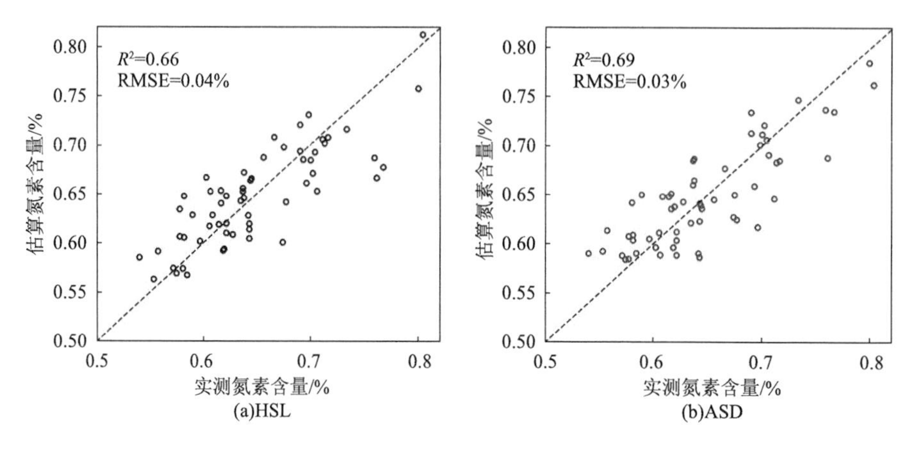

图 4-8 基于高光谱激光雷达实测数据集的 $CI_{red\ edge}$ 和氮素含量的拟合关系

4.4 本 章 小 结

本章首先对高光谱激光雷达 32 个波段的回波强度和利用白板校正后的反射率曲线进行分析，并基于敏感性分析方法分析了各波段对不同理化参数的敏感性。尽管高光谱激光雷达各波段的中心位置和光谱分辨率与商业化光谱仪不同，但结果证实该仪器的光谱信息在理论上仍可以实现对各生化组分的有效反演。

本章基于高光谱激光雷达二维叶片数据集，探索高光谱激光雷达对叶绿素和氮素含量的反演有效性。在叶绿素反演方面，研究基于三个数据集，即 ANGERS 公用数据集、PROSPECT-5 模拟数据集、高光谱激光雷达实测数据集进行最优植被指数选取；对比结果表明，由 703nm 和 784nm 波段构建的 $CI_{red\ edge}$ 指数和高光谱激光雷达波段的兼容性最好，反演叶绿素含量的效果最优。在反演叶片氮素含量方面，本章分别利用了植被指数和偏最小二乘回归两种方法对氮素进行反演；结果证实高光谱激光雷达的反演精度目前仍低于商业化光谱仪，且偏最小二乘法相对于单一植被指数可以更加充分地提取高光谱激光雷达的光谱信息，从而具有更优的反演精度。

参 考 文 献

Barnes E M, Clarke T R, Richards S E, et al. 2000 .Coincident detection of crop water stress, nitrogen status and canopy density using ground-based multispectral data, in International Conference on Precision Agriculture and Other Resource Management, Bloomington, MN USA.

Chen J M., 1996. Evaluation of vegetation indices and a modified simple ratio for boreal applications. Canadian Journal of Remote Sensing, 22(3): 229-242.

Clevers J G P W, Kooistra L. 2012. Using hyperspectral remote sensing data for retrieving canopy chlorophyll and nitrogen content. IEEE Journal of Selected Topics in Applied Earth Observations & Remote Sensing, 5: 574-583.

Dash J, Curran P J. 2004. The MERIS terrestrial chlorophyll index, International Journal of Remote Sensing, 25(23): 5403-5413.

Gamon J A, Peñuelas J, Field C B.1992. A narrow-waveband spectral index that tracks diurnal changes in photosynthetic efficiency. Remote Sensing of Environment, 41(1): 35-44.

Gitelson A A, Gritz Y, Merzlyak M N. 2003. Relationships between leaf chlorophyll content and spectral reflectance and algorithms for non-destructive chlorophyll assessment in higher plant leaves. J Plant Physiol, 160: 271-282.

Gitelson A A, Keydan G P, Merzlyak M N, et al. 2006. Three-band model for noninvasive estimation of chlorophyll carotenoids and anthocyanin contents in higher plant leaves. Geophys Res Lett, 33: 431-433.

Gitelson A, Merzlyak M N. 1994. Spectral reflectance changes associated with autumn senescence of *Aesculus hippocastanum* L. and *Acer platanoides* L. leaves. spectral features and relation to chlorophyll estimation. J Plant Physiol, 143: 286-292.

Gong W, Song S, Zhu B, et al. 2012. Multi-wavelength canopy LiDAR for remote sensing of vegetation: Design and system performance. Isprs Journal of Photogrammetry & Remote Sensing, 69: 1-9.

Hu P, Huang H, Chen Y, et al. 2020. Analyzing the angle effect of leaf reflectance measured by indoor hyperspectral light detection and ranging (LiDAR). Remote Sensing, 12(6): 919.

Niu Z, Xu Z, Sun G, et al. 2015. Design of a new multispectral waveform LiDAR instrument to monitor vegetation. IEEE Geoscience and Remote Sensing Letters, 12: 1506-1510.

Rouse J W, Haas R W,Schell J A, et al.1974. Monitoring the vernal advancement and retrogradation (green wave effect) of natural vegetation. Greenbelt, MD: NASA/GSFC Type III, Final Report: 1-37.

Sun J, Shi S, Yang J, et al. 2018. Estimating leaf chlorophyll status using hyperspectral LiDAR measurements by PROSPECT model inversion. Remote Sens Environ, 212: 1-7.

Verrelst J, Malenovský Z, Tol C V D, et al. 2018. Quantifying vegetation biophysical variables from imaging spectroscopy data: A review on retrieval methods. Surveys in Geophysics: 1-41.

Wu C, Zheng N, Quan T, et al. 2008. Estimating chlorophyll content from hyperspectral vegetation indices: Modeling and validation. Agricultural & Forest Meteorology, 148: 1230-1241.

Xue L, Cao W, Luo W, et al.2004. Monitoring Leaf Nitrogen Status in Rice with Canopy Spectral Reflectance Support by National Natural Science Foundation of China (30030090) and State 863 Hi-tech Program (2002AA243011) , Agronomy Journal,96(1): 135-142.

Zarco-Tejada P J, Miller J R, Noland T L, et al. 2001. Scaling-up and model inversion methods with narrowband optical indices for chlorophyll content estimation in closed forest canopies with hyperspectral data. IEEE Transactions on Geoscience and Remote Sensing, 39: 1491-1507.

第5章 植被叶片复杂反射特性分析与校正

绝大多数自然目标并不是朗伯体，如植被叶片，其表面反射特性复杂，在与激光相互作用的过程中，受激光入射角和表面理化特性影响，并不严格遵循朗伯余弦散射定律。在植被高光谱激光雷达遥感中，如基于高光谱激光雷达的植被生理生化参数垂直分布、含水量估算及生物量反演等研究中，植被叶片是重要的研究对象，需要对植被叶片的后向散射回波信号进行获取、处理和校正，然后用于后续参数定量化反演。然而，由于目前高光谱激光雷达脉冲激光光束与植被叶片间的复杂反射机制尚未被完全厘清，植被叶片的复杂反射特性造成的入射角效应缺乏较好的校正方法。具体地，在高光谱激光雷达同一波长条件下，同一种类且生理生化状态相近的两片植被叶片在不同入射角条件下的回波强度有较大差异，如果不对其进行校正，如校正到0°入射角下，将会大大增加后续研究的误差。因此，如何准确描述植被叶片表面的复杂反射特性，建立高光谱激光雷达条件下植被叶片复杂反射理论机制，厘清高光谱脉冲激光与植被叶片间的相互作用非常重要，在此基础上，提出针对植被叶片的入射角效应校正算法，被认为具有重要的理论意义和实用价值，相关研究也正在成为高光谱激光雷达植被遥感领域重要研究方向之一。

本章首先对植被叶片表面物理结构、叶片内部色素和水分等生化组分含量进行介绍，在此基础上，开展植被叶片复杂散射机制分析和校正研究。介绍了目前国际上一些可能适用于植被叶片表面复杂反射特性描述的数学物理模型，重点介绍了 Poullain 模型，详细阐述了该算法产生的背景和应用于植被叶片表面后向散射特性描述的情况，并在此基础上提出了一种改进的 Poullain 模型开展高光谱激光雷达植被叶片入射角效应校正，理论上有效消除了植被叶片的入射角效应，随后利用不同种类的植被叶片进行实验验证，并评估了校正效果，定量分析了改进的 Poullain 模型的校正误差。

5.1 植被叶片表面复杂反射特性描述

5.1.1 植被叶片结构和生化组分

叶是植物维系生存、感受环境最大的器官之一，它的主要功能是进行光合作用合成有机物，并进行蒸腾作用，提供根系从外界吸收水和矿物质的动力（李先源，2007）。植被叶片一旦发生病变，光合作用和蒸腾作用功能将受到限制，植被健康状况将受到威胁。因此，监测植被叶片的生理生化状况，有助于评估植被健康状态。基于遥感的非破坏采样的监测技术手段为诊断植被叶片生理生化状况提供了可能，也成为植被定量遥感领域里重点研究方向之一。

1. 叶片结构

植被叶一般由叶片、叶柄和托叶三部分组成。叶柄是连接叶片基部的柄状部分，下接植物枝部，其功能是起疏导和支撑作用，叶柄可扭曲生长，改变叶片的空间位置和叶倾角，使叶片充分接收光照，增强光合作用。托叶是叶柄基部的附属部分，非常小，常呈对状，主要作用是对幼叶起保护作用，有的托叶还可进行光合作用（李先源，2007）。

叶片多呈薄而绿态，有较大表面积，叶片内分布着大小不同的叶脉，沿着叶片中央纵轴最为明显的一条为主脉，其余叶脉则称为侧脉，叶脉多的叶片通常呈现网状脉（姜在民和贺学礼，2009），图 5-1 为阔叶植物斑叶竹节秋海棠（*Begonia maculata*），其叶片叶脉结构清晰可见。叶片结构还包括表皮和叶肉两部分。叶片表皮包裹着整个叶片表面，其腹面称为上表皮，背面称为下表皮。表皮细胞中一般不具叶绿体，表皮除表皮细胞外，还有茸毛和气孔等附属物，茸毛可保护植物，防止光照过强、蒸腾作用过快，有利于植物生长；气孔用于与外界进行气体交换。表皮细胞外还有一层脂肪性物质，称为角质膜（角质层），用来限制植物水分丧失和抵抗微生物的侵袭（崔永等，2009；邹支龙，2019）。叶肉包括栅栏组织和海绵组织两部分，靠近上表皮的栅栏组织细胞中的叶绿素较下层的海绵组织细胞多，这也是往往我们看到叶子上表皮比下表皮更绿一些的原因，叶肉细胞中还含有植被生长所需的其他各种色素和水分。根据叶片形态，植物可分为针叶植物和阔叶植物，本章以阔叶植物为研究对象。

图 5-1　斑叶竹节秋海棠叶片（2022 年 2 月 16 日摄）

2. 叶片生化组分

植物叶片内含有叶绿素、氮素、类胡萝卜素、花青素、蛋白质、木质素、纤维素和水分等，我们将这些物质称为生化组分。

叶绿素存在于叶片叶肉细胞的叶绿体中，分为叶绿素 a 和叶绿素 b，在植被光合作用中起关键性作用，用于将光能转换为化学能，完成物质积累。叶片氮素部分被包含在叶绿素分子里，氮素含量很大程度上决定了植物中叶绿素形成的量，当然叶绿素形成也需要其他量，如光照和铁、镁元素（Schertz，1921；Tam and Magistad，1935），叶绿素和氮素之间存在一定的关系，但这种关系并不是一成不变的，是受叶片种类、环境因素和叶片生长周期等影响的（Filella et al.，1995；Hatfield et al.，2008；Houles et al.，2007）。类胡萝卜素分为两类，胡萝卜素（α-和 β-）和叶黄素，这些色素不均匀地分布于叶肉细胞中，是光合作用细胞膜的重要组成部分，也是植物一些特定生理机能的重要组成部分。花青素主要负责红色着色，主要存在于叶片表皮细胞的细胞液中，能够反映叶片受营养元素、温度及病原体等胁迫的程度（Gould et al.，2008）。蛋白质是植物体构成细胞膜的主要成分，也是催化细胞内化学反应的酶。木质素和纤维素也是植物叶片细胞重要组成部分，其中木质素是构成植物细胞壁的成分之一，具有使细胞相连的作用。植被生长离不开水分，水分是控制植物生长发育的重要因子之一，对保持叶片形态和结构、调控温度和光合作用至关重要。

5.1.2 植被叶片表面反射特性

植被叶片表面反射特性是电磁波与植被叶片结构和叶片生化组分相互作用的结果。叶片表面结构的叶脉部分使叶片表面分布有很多“沟壑”，叶片局部区域表面或凸起或凹陷，此外，叶片表面还有一层很薄的蜡质层，二者对太阳辐射的反射具有近似镜面反射的性质，这种镜面反射性质是造成叶面对太阳短波辐射反射的偏振特性的主要来源，但如果光源是高光谱脉冲激光光束，这种镜面反射性质则需要详细讨论。高光谱脉冲激光光束和太阳光束的区别在于二者光的性质不同，前者是高斯光，光的能量大小随时间变化呈高斯曲线状，光斑落在目标物上后，其光斑内部能量分布呈现由光斑正中间沿半径向外依次减小的高斯函数分布，如图 5-2 所示。每个光斑内部又可以看作多个子圆光斑的组合，每个子圆光斑的能量也随时间变化呈高斯函数分布。而太阳光束为平行光，可视作一条条平行直线射向目标物，本身直线内部能量相等，不随时间发生明显快速变化。因此，可以明确的是，植被叶片的镜面反射本身是叶片结构与光子的相互作用，对高光谱脉冲激光光源和太阳光源来说作用是一样的，不同的是前者是一个光斑内部配合着能量高斯变化的镜面反射，而后者可单独看做一个点大小内能量不变的镜面反射。

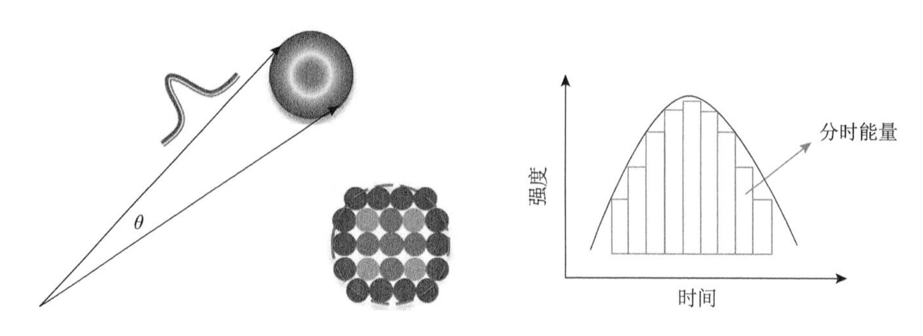

图 5-2 脉冲激光光束能量分布

植被叶片内部生化组分是影响叶片表面反射特性的又一因素，对太阳光束来说，主要使叶片产生近似漫反射的后向散射，并且对高光谱激光光束的影响也为近似漫反射性质的散射。在这一部分中，生化组分造成的近似漫反射是通过各个组分在不同波长高光谱激光光束下电子跃迁或化学键振动的吸收以及散射（反射和折射）作用来完成的。有关叶片内部生化组分在可见光（0.38～0.76μm）、近红外（0.76～1.5μm）和短波红外（1.5～3.0μm）波段的吸收特征见表 5-1。由该表可以看出，不同生化组分与不同波长的电磁波相互作用时，吸收作用体现在两部分，有的是生化组分分子内部原子里的电子发生了跃迁，有的是分子内部原子间化学键发生振动并伴有谐波。除吸收作用外，各部分生化组分还对电磁波有相应的散射效应。具体来讲，关于各生化组分吸收或散射电磁波的详细区别，我们知道，叶绿素吸收蓝光和红光，反射绿光，类胡萝卜素吸收蓝光，可见光波段的光谱特征由此形成。此外，由于薄壁细胞组织的强反射和细胞间隙的多重散射作用，植被在红波段外会有一个陡然上升的狭长地带，称为红边，水分的吸收带则主要集中在 0.9μm、1.4μm、1.9μm 及 2.5μm 处，图 5-3 给出了典型植被叶片反射光谱曲线。

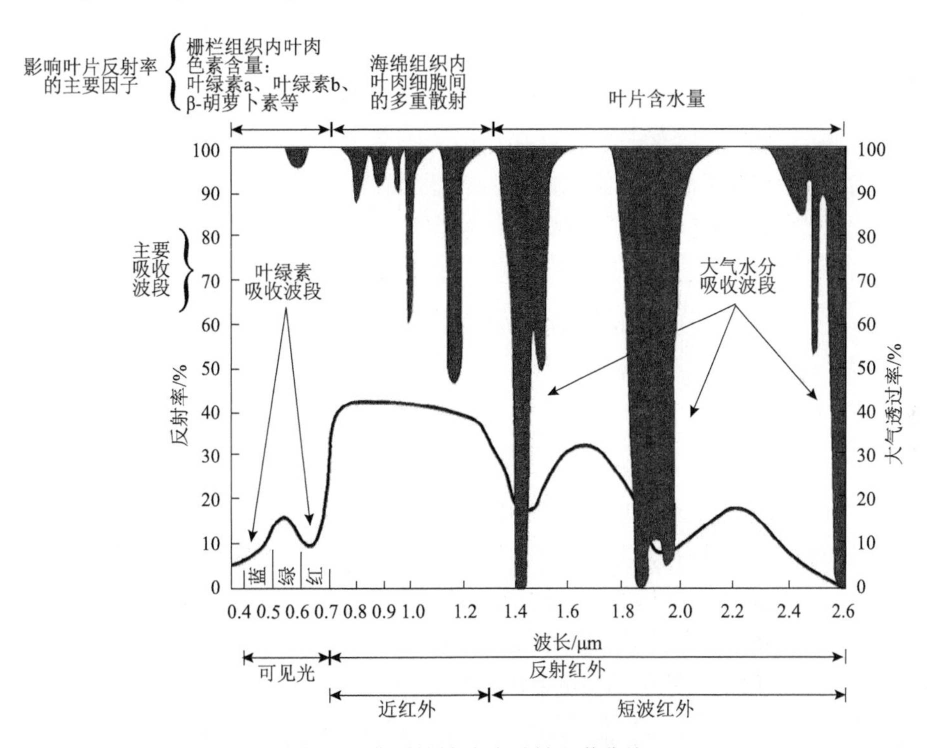

图 5-3　典型植被叶片反射光谱曲线

据 Jensen，2009；Mohamed et al.，2018；Pu and Gong，2011，有改动

表 5-1　叶片内部生化组分在可见光、近红外和短波红外波段的吸收特征（Curran，1989）

波长/μm	电子跃迁或化学键振动	生化组分	遥感考虑的因素
0.43	电子跃迁	叶绿素 a^+	大气散射
0.46	电子跃迁	叶绿素 b^+	
0.64	电子跃迁	叶绿素 b^+	
0.66	电子跃迁	叶绿素 a^+	

续表

波长/μm	电子跃迁或化学键振动	生化组分	遥感考虑的因素
0.91	C—H 键伸展，三次谐波	蛋白质	大气散射
0.93	C—H 键伸展，三次谐波	油	
0.97	O—H 键弯曲，一次谐波	水⁺、淀粉	
0.99	O—H 键伸展，二次谐波	淀粉	
1.02	N—H 键伸展	蛋白质	
1.04	C—H 键伸展，C—H 键变形	油	
1.12	C—H 键伸展，二次谐波	木质素	
1.20	O—H 键弯曲，一次谐波	水⁺、纤维素、淀粉、木质素	
1.40	O—H 键弯曲，一次谐波	水⁺	
1.42	C—H 键伸展，C—H 键变形	木质素	
1.45	O—H 键伸展，一次谐波 C—H 键伸展，C—H 键变形	淀粉、糖 木质素、水	大气吸收
1.49	O—H 键伸展，一次谐波	纤维素、糖	
1.51	N—H 键伸展，一次谐波	蛋白质⁺、氮⁺	
1.53	O—H 键伸展，一次谐波	淀粉	
1.54	O—H 键伸展，一次谐波	淀粉、纤维素	
1.58	O—H 键伸展，一次谐波	淀粉、糖	
1.69	C—H 键伸展，一次谐波	木质素⁺、淀粉、蛋白质、氮	
1.78	C—H 键伸展，一次谐波 / O—H 键伸展 / H—O—H 键变形	纤维素、糖、淀粉	
1.82	O—H 键伸展 / C—O 键伸展，二次谐波	纤维素	
1.90	O—H 键伸展，C—O 键伸展	淀粉	
1.94	O—H 键伸展，O—H 键变形	水⁺、木质素、蛋白质、氮、淀粉、纤维素	大气吸收、传感器信噪比迅速下降
1.96	O—H 键伸展，O—H 键弯曲	糖、淀粉	
1.98	N—H 键不对称	蛋白质	
2.00	O—H 键变形，C—O 键变形	淀粉	
2.06	N=H 键弯曲，二次谐波 / N=H 键弯曲 / N—H 键伸展	蛋白质、氮	
2.08	O—H 键伸展 / O—H 键变形	糖、淀粉	
2.10	O=H 键弯曲 / C—O 键伸展 / C—O—C 键伸展，三次谐波	淀粉⁺、纤维素	传感器信噪比迅速下降
2.13	N—H 键伸展	蛋白质	
2.18	N—H 键弯曲，二次谐波 / C—H 键伸展 / C—O 键伸展 C=O 键伸展 / C—N 键伸展	蛋白质⁺、氮⁺	
2.24	C—H 键伸展	蛋白质	
2.25	O—H 键伸展，O—H 键变形	淀粉	
2.27	C—H 键伸展 / O—H 键伸展 / CH_2 弯曲 / CH_2 伸展	纤维素、淀粉、糖	

续表

波长/μm	电子跃迁或化学键振动	生化组分	遥感考虑的因素
2.28	C—H 键伸展 / CH_2 变形	淀粉、纤维素	
2.30	N—H 键伸展，C=O 键伸展，C—H 键弯曲，二次谐波	蛋白质、氮	
2.31	C—H 键弯曲，二次谐波	油$^+$	
2.32	C—H 键伸展 / CH_2 变形	淀粉	传感器信噪比迅速下降
2.34	C—H 键伸展 / O—H 键变形 / C—H 键变形 / O—H 键伸展	纤维素	
2.35	CH_2 弯曲，二次谐波，C—H 键变形，二次谐波	纤维素、蛋白质、氮	

注：+表示生化组分在此波长处有较强的吸收。

高光谱激光雷达系统也可以获取植被叶片光谱，图 5-4 给出了不同入射角下绿萝叶片的光谱曲线。由于高光谱脉冲激光光源发射功率较大，在测量过程中可能会灼伤叶肉组织细胞，进而对叶片本来的散射和吸收性能造成影响。此外，由于激光光斑落在叶片上并非一个点，而是一个有一定大小的圆或椭圆形区域，在上述区域内，不同子光斑内叶片灼伤程度不同，对回波强度的最终累加影响不同，而叶片和标准白板回波强度的比值我们通常称为植被叶片的反射率因子，高能量、高斯光的性质对植被叶片回波的影响最终导致了高光谱激光雷达反射率和传统被动太阳光下测得的反射率可能出现略微差异。

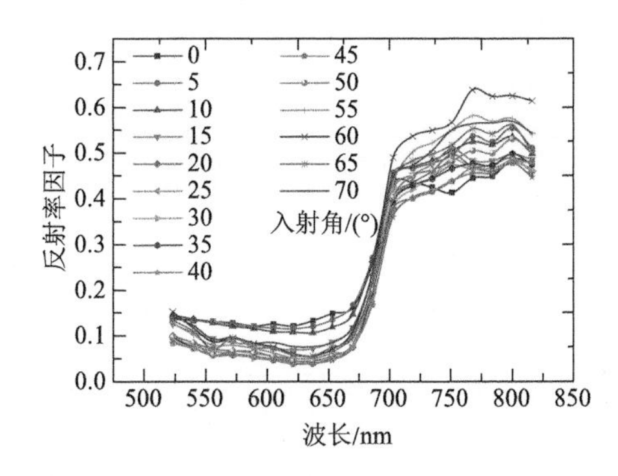

图 5-4　高光谱激光雷达测得的绿萝叶片反射率因子（彩图请扫封底二维码查看）
不同入射角下反射率因子不同，但并不是入射角越大，反射率因子越小

5.1.3　常见的数学物理模型

与传统单波段激光雷达一样，高光谱激光雷达接收到的仍然是目标后向散射信号的电压记录值，称之为回波强度（intensity），单位为 mV，非光学度量单位。高光谱激光雷达在获取目标三维信息时，其激光光束与目标物表面法线之间有一个夹角，称为入射角，取值范围为 0°～90°。有研究表明，同一目标物，单波长激光回波强度会随入射角的变化而变化，具体表现为随入射角增大先缓慢降低，后迅速下降（Kaasalainen et al.，2018，2011；Tan and Cheng，2016，2017）。高光谱激光雷达也存在着这样的现象（Zhang et al.，2020），在高光谱激光雷达不同入射角条件下，同一种

类两片生理生化状态相近的叶片会呈现出差异很大的回波强度，如果据此进行后续生化组分反演研究，其结果必然是不精确的，因此需要对高光谱激光雷达条件下植被叶片的入射角效应进行研究，找出可能适用于表征其后向散射回波强度的数学物理模型，进一步思考其校正公式。

我们知道，植被叶片的这一入射角效应现象是由植被叶片的二向反射特性引起的。植被叶片通常不是漫反射体，不严格遵循朗伯余弦定律，也不是绝对的镜面反射体，不严格遵循镜面反射规律，其二向反射特性应该是与植被叶片的结构和生化组分有关的复杂特性，发展植被叶片入射角效应的高光谱激光雷达入射角效应模型一直是本领域研究的重点之一，这里有一些可能适用于表征植被叶片入射角效应的数学物理模型（Poullain et al.，2016）。

介绍模型前，我们先给出被动光学和激光雷达的光学参数定义及其示意图，如图 5-5 所示。对于传统被动光学系统，光束光学参数通常包括以下参数：$\boldsymbol{L}$ 为入射光单位向量；$\boldsymbol{V}$ 为观测方向单位向量；$\boldsymbol{H}$ 为 $\boldsymbol{V}$ 和 $\boldsymbol{L}$ 的角平分线单位向量；$\boldsymbol{R}$ 为镜面反射方向单位向量；$\boldsymbol{N}$ 为目标表面单位法向量；θ_i和Φ_i为矢量 $\boldsymbol{L}$ 的天顶角和方位角；θ_r和Φ_r为矢量 $\boldsymbol{V}$ 的天顶角和方位角；对于激光雷达系统，入射和接收位于同一位置，所以 $\boldsymbol{L}$=$\boldsymbol{V}$=$\boldsymbol{H}$。

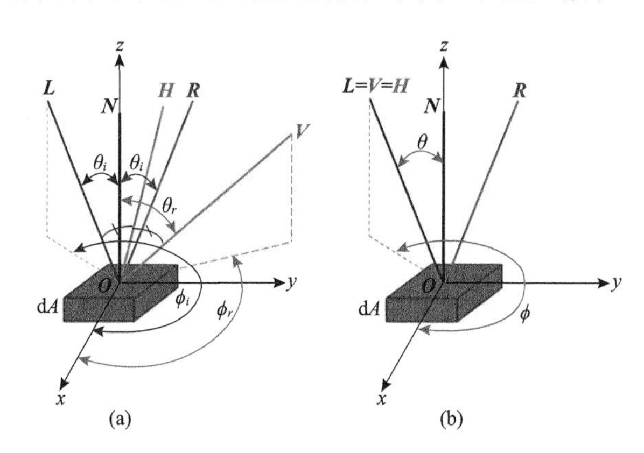

图 5-5　被动光学和激光雷达的光学参数示意图（Poullain et al.，2016）

1. Phong 模型

Phong 模型是一种经验模型，它的二向反射分布函数是朗伯反射和镜面反射的组合（Phong，1973）：

$$f_{\text{r-P}} = df_{\text{r-dL}} + sf_{\text{r-sP}} \quad s + d = 1 \tag{5.1}$$

式中，d和s分别为漫反射（diffuse reflection）$f_{\text{r-dL}}$ 部分的比例因子和 Phong 镜面反射（specular reflection）$f_{\text{r-sP}}$ 部分的比例因子，其中，$f_{\text{r-sP}}$ 计算公式为

$$f_{\text{r-sP}} = \rho_{\text{s}}(\boldsymbol{R} \cdot \boldsymbol{V})^{v} \tag{5.2}$$

式中，ρ_{s} 为镜面反射系数，是一个调整参数，取值范围为（1，+∞）；$\boldsymbol{R}$ 和 $\boldsymbol{V}$ 为镜面反射方向单位向量和观测方向单位向量。

Phong 模型是能量不守恒的，基于这个原因，Hasegawa（2006）通过实验研究进一

步得出结论 Phong 模型不能完全适用于 LiDAR 强度-入射角关系校正。

2. Torrance-Sparrow 模型

基于理论研究，Torrance 和 Sparrow（1967）将 BRDF 分为两部分，表示为

$$f_{\text{r-TS}} = df_{\text{r-dL}} + sf_{\text{r-sTS}} \quad s + d = 1 \tag{5.3}$$

式中，$f_{\text{r-sTS}}$ 为镜面反射部分对应的反射率。

为了描述镜面反射组分，Torrance 和 Sparrow 假设目标物表面是由多个微小平面构成的，每个微小平面的面积必须大于波长的二次方、小于光束照射面积，微小平面如图 5-6 所示。

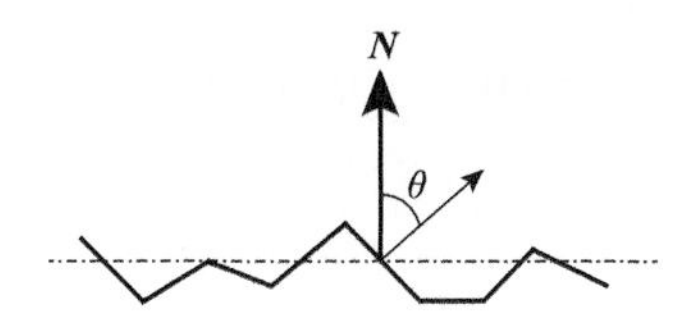

图 5-6　由多个微小平面构成的目标物表面（Poullain et al.，2016）

每个微小平面被假设是光滑的且遵循如下的镜面反射定律：

$$f_{\text{r-sTS}} = \frac{F}{\pi} \frac{D}{(\boldsymbol{N} \cdot \boldsymbol{L})} \frac{G}{(\boldsymbol{N} \cdot \boldsymbol{V})} \tag{5.4}$$

式中，F 为菲涅尔系数；D 为微小平面分布函数；G 为几何衰减因子；$\boldsymbol{N}$ 为物体表面单位法向量；$\boldsymbol{L}$ 为入射方向单位向量；$\boldsymbol{V}$ 为观测方向单位向量。F、G、D 详细定义见文献（Poullain et al.，2016）。

3. Ward 模型

Ward 模型是基于 Beckmann 分布（Beckmann and Spizzichino，1987）的 Torrance-Sparrow 模型（Torrance and Sparrow，1967）基础上反演而来的，描述了各向异性的物体表面反射性质（Ward，1992）。Ward 在假设几何衰减因子考虑菲涅尔效应的情况下简化了 Torrance-Sparrow 模型，该模型为

$$f_{\text{r-W}} = \frac{\rho_{\text{d}}}{\pi} + \rho_{\text{s}} \frac{D_W(\alpha, \varPhi)}{4\pi\sqrt{\cos\theta_i \cos\theta_r}} \tag{5.5}$$

式中，ρ_{d} 为漫反射反照率；θ_i 和 θ_r 分别为光入射和观测方向的天顶角，单站激光雷达系统中 $\theta_i = \theta_r = \theta$。Ward 提出的各向异性高斯模型 D_W 可以表示为

$$D_W(\alpha, \varPhi) = \frac{1}{m_1 m_2} \mathrm{e}^{-\tan^2\alpha\left(\frac{\cos^2\varPhi}{m_1^2} + \frac{\sin^2\varPhi}{m_2^2}\right)} \tag{5.6}$$

式中，m_1 和 m_2 为微小平面（沿切线或副法线方向）坡角的标准差；$\varPhi$ 为投影到表面上的半矢量的方位角。

4. Oren-Nayar 模型

和 Torrance-Sparrow 模型相反，Oren-Nayar 模型（Oren and Nayar，1995）假设微小平面为完美的漫反射表面，光入射表面由许多个微小对称的“V”槽组成，该模型由高斯分布与几何衰减因子相乘表示，这个几何衰减因子是在表征阴影和遮蔽效应的 Torrance-Sparrow 因子的启发上产生的。为了简化这个模型，Oren 和 Nayar 对不同照射角、反射角、反照率和表面粗糙度设置条件进行了大量模拟实验，获得了更加精确的表面辐亮度的函数近似。直接一次的反射辐射亮度表示为

$$L_r^1(\theta_r,\theta_i,\Phi,\sigma)=\frac{\rho_d}{\pi}E_0\cos\theta_i\left[C_1(\sigma)+\cos(\Phi)C_2(\alpha,\beta,\Phi,\sigma)\tan\beta\right.$$
$$\left.+(1-\mathrm{abs}(\cos\Phi))C_3(\alpha,\beta,\sigma)\tan\frac{\alpha+\beta}{2}\right] \tag{5.7}$$

式中，σ 为表面粗糙度，

$$\alpha=\max(\theta_i,\theta_r)$$
$$\beta=\min(\theta_i,\theta_r)$$
$$\Phi=\Phi_r-\Phi_i$$
$$C_1=1-0.5\frac{\sigma^2}{\sigma^2+0.33}$$
$$C_2=\begin{cases}0.45\dfrac{\sigma^2}{\sigma^2+0.09}\sin\alpha & \cos\Phi\geqslant 0\\ 0.45\dfrac{\sigma^2}{\sigma^2+0.09}\left(\sin\alpha-\left(\dfrac{2\beta}{\pi}\right)^3\right) & \cos\Phi<0\end{cases}$$
$$C_3=0.125\left(\frac{\sigma^2}{\sigma^2+0.09}\right)\left(\frac{4\alpha\beta}{\pi^2}\right)^2$$

在该模型，内部邻近反射效应也被考虑进去，在多次近似后，内部邻近反射效应造成的辐射亮度表示为

$$L_r^2(\theta_r,\theta_i,\Phi,\sigma)=0.17\frac{\rho_d}{\pi}E_0\cos\theta_i\frac{\sigma^2}{\sigma^2+0.13}\left[1-\cos\Phi\left(\frac{2\beta}{\pi}\right)^2\right] \tag{5.8}$$

式中，E_0 为辐照度。总表面出射辐射亮度为

$$L_r(\theta_r,\theta_i,\Phi,\sigma)=L_r^1(\theta_r,\theta_i,\Phi,\sigma)+L_r^2(\theta_r,\theta_i,\Phi,\sigma) \tag{5.9}$$

对于激光雷达系统，上述公式可表示为

$$\alpha=\max(\theta_i,\theta_r)=\theta$$
$$\beta=\min(\theta_i,\theta_r)=\theta$$

$$\Phi = \Phi_r - \Phi_i = 0$$

$$L_r = \frac{\rho_{\mathrm{d}}}{\pi}\left[C_1 + C_2 \tan\theta + 0.17\rho_{\mathrm{d}}\frac{\sigma^2}{\sigma^2 + 0.13}\left(1 - \left(\frac{2\theta}{\pi^2}\right)\right)\right] \tag{5.10}$$

5. Hapke 模型

Hapke 模型是基于辐射传输理论的模型（Hapke，2012），同 Torrance-Sparrow 模型类似，它假设目标物表面是由坡度遵循高斯分布的微小平面构成的，通常用于描述行星风化层（表皮土）的二向反射特性：

$$f_{\text{r-H}} = \frac{\omega}{4(\cos\theta_i + \cos\theta_r)}[(1 + B(\gamma))P(\gamma) + H(\cos\theta_i)H(\cos\theta_r) - 1]S(\theta) \tag{5.11}$$

式中，ω 为单次散射反照率；B 为热点效应函数；γ 为相角；P 为散射相函数；H 为各向同性多次散射函数；S 为宏观粗糙度函数。计算二向反射率，需要先确定这六个 Hapke 参数。

6. Lommel-Seeliger-Lambert 模型

Lommel-Seeliger 定律是一种散射模型（Hapke，2012），适用于暗表面，被广泛用于漫反射介质（如月球表面）的研究中：

$$f_{\text{r-LS}} = \frac{\rho_{\mathrm{d}}}{4\pi}\frac{1}{\cos\theta_i + \cos\theta_r}p(\gamma) \tag{5.12}$$

式中，$p(\gamma)$ 为散射相函数，对于各向同性的目标物，值为 1；γ 为入射方向和反射方向的夹角（激光雷达系统中该参数为 0）。

Lommel-Seeliger 定律结合 Lambert 定律的模型被用来模拟地基激光雷达的后向散射强度（Kaasalainen et al.，2011），模型表示为

$$I(\theta_i) = a(\omega, g_{\mathrm{s}})(1 - b(\omega, g_{\mathrm{s}}))(1 - \cos\theta_i) \tag{5.13}$$

式中，a、b 为与反照率和粒径大小有关的因子；ω 为反照率；g_{s} 为目标材料粒径大小，当入射角为 0 时强度等于 a。

5.2 Poullain 模型及其应用

5.2.1 Poullain 模型产生的背景

自然目标的反射特性是比较复杂的，不过通常可以将其看作漫反射和镜面反射的组合。朗伯余弦定律用来描述漫反射特性，一个具有漫反射性质的物体表面又被称为朗伯表面或漫反射表面。应当注意的是，朗伯余弦定律是指反射光的辐射强度，朗伯表面各向同性指的是辐射亮度在各个方向都是一样的。Beckmann 模型（Beckmann and Spizzichino，1987）是用来描述镜面反射目标表面微小平面坡度分布的模型，可用于 Torrance-Sparrow 模型中 D 的表达：

$$I = f\frac{1}{\cos^5\alpha}\mathrm{e}^{-\frac{\tan^2\alpha}{m^2}} \tag{5.14}$$

式中，I 为 α 入射角下的回波强度；f 为 0° 入射角下的回波强度；α 为入射角；m 为粗糙度因子。

Poullain 等(2012)首次提出使用朗伯余弦定律和 Beckmann 模型的线性组合模型(以下简称为 Poullain 模型）来模拟海岸带表面后向散射强度分布。将海岸带表面散射特性视作漫反射和镜面反射的组合，研究后向散射强度-入射角分布规律。

$$I = f(k_{\mathrm{d}}\cos\alpha + \frac{1-k_{\mathrm{d}}}{\cos^5\alpha}\mathrm{e}^{-\frac{\tan^2\alpha}{m^2}}) \tag{5.15}$$

式中，I 为 α 入射角下的回波强度；f 为 0° 入射角下的回波强度；k_{d} 为漫反射比例因子；m 为粗糙度因子。

5.2.2 Poullain 模型在植被领域的迁移应用

Poullain 模型于 2012 年被首次提出后，Zhu 等（2015）和 Kaasalainen 等（2018）分别将它用在植被叶片入射角效应的模拟上。图 5-7 为 Zhu 等（2015）模拟的八种植被叶片的强度-入射角效应，后向散射强度已经被归一化到 1。可以看出，朗伯定律只与黄色线所对应金钱树叶片的入射角效应吻合，对于其余植被种类，则不能正确表征其特征，而 Poullain 模型则可以很好地模拟其他植被叶片的特征。图 5-8 为 Kaasalainen 等（2018）使用 Poullain 模型和傅里叶级数拟合桦木叶样本（a）和针叶松背（b）示意图，可以看出，Poullain 模型拟合效果不错，可以较好地刻画其强度-入射角效应。

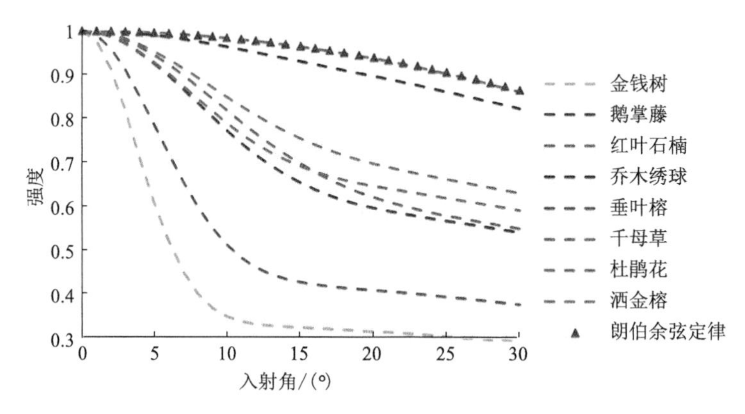

图 5-7 朗伯定律和 Beckmann 模型的线性组合模型用来模拟八种植被叶片的强度-入射角效应（Zhu et al.，2015）（彩图请扫封底二维码查看）

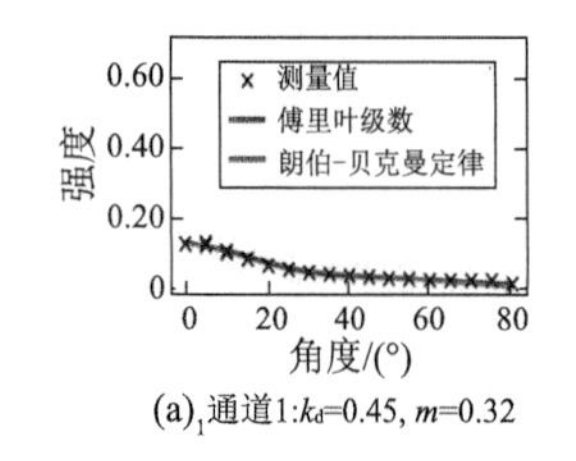

$(a)_1$通道1:k_d=0.45, m=0.32

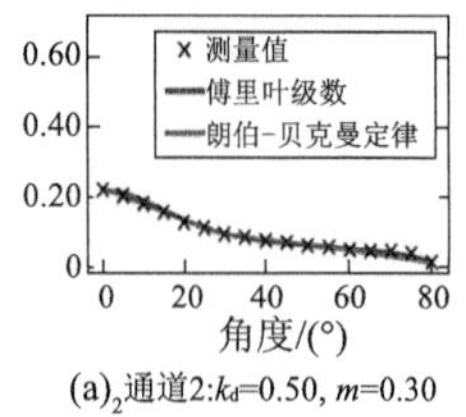

$(a)_2$通道2:k_d=0.50, m=0.30

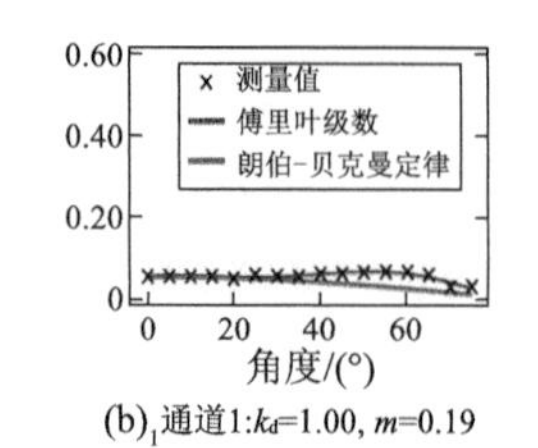

$(b)_1$通道1:k_d=1.00, m=0.19

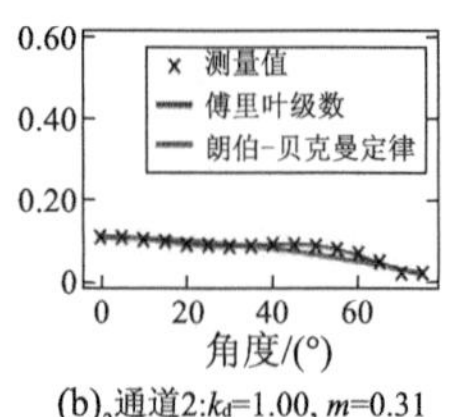

$(b)_2$通道2:k_d=1.00, m=0.31

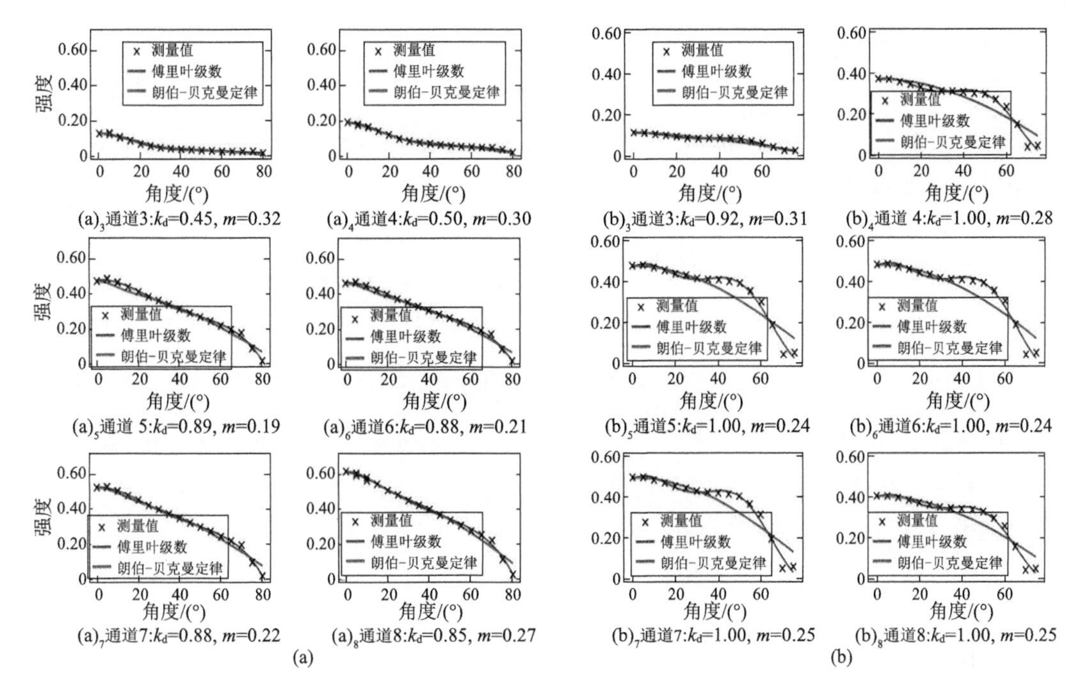

图 5-8 Poullain（即 Lambert-Beckmann）定律和傅里叶级数拟合桦木叶样本（a）和针叶松背（b）示意图（Kaasalainen et al.，2018）（彩图请扫封底二维码查看）

5.3 植被叶片回波强度和反射率的入射角效应校正

5.3.1 改进的 Poullain 模型

二向反射率因子（BRF）通常用于表示自然目标的反射率，将全谱段全波形激光雷达的反射率定义为自然目标的回波强度与标准白板的回波强度之比：

$$r_{\lambda}(\alpha)=\frac{I_{t,\lambda}(\alpha)}{I_{\text{w-p},\lambda}(\alpha)}r_{\text{w-p}} \tag{5.16}$$

式中，$r_{\lambda}(\alpha)$ 为某一入射角α和某一波长 λ 处目标物的反射率；$I_{t,\lambda}(\alpha)$ 为目标物的后向散射强度；$I_{\text{w-p},\lambda}(\alpha)$ 为白板的后向散射强度；$r_{\text{w-p}}$ 为白板的标准反射率，本实验中该值为 0.99。

通常，自然目标物既不是朗伯体也不是镜面反射体，其回波强度和反射率是漫反射和镜面反射下强度与反射率的组合，因此可以考虑建立一个由两部分组成的模型来描述 HSL 测量条件下自然目标物复杂反射特性。

式（5.15）为 Poullain 模型原始公式，在获得一种目标物的 k_{d} 和 m 两个参数后，相当于同种目标物的两个参数已确定。因此，对于同种目标的其他叶片，在测得其某一入射角的回波强度后，可以通过与式（5.15）中右侧第二项校正因子相除，得到校正后的法线方向的回波强度。

前述研究中 k_{d} 和 m 被认为与角度无关，只是随波长而变化。然而在微尺度上，表面粗糙度因子 m 还受到叶片入射角和叶片表面高差影响。我们知道，要认为叶子表面光滑，需满足以下条件：

$$\Delta h < \lambda / (8\cos\alpha) \tag{5.17}$$

式中，Δh 为激光束在特定入射角下与叶片表面的初始接触点与激光在微观尺度上从叶片表面射出点之间的高度差。

即使在相同波长的条件下，在入射角不同时，漫反射比例 k_d 和表面粗糙度因子 m 也应不同。因此，本章在表示和计算漫反射比例 k_d 和表面粗糙度因子 m 时，同时考虑了波长和入射角。对于 HSL，式（5.15）应修正表示为下式：

$$I_{l,\lambda}(\alpha) = I_{l,\lambda}(0)\{k_{d,\lambda}(\alpha)\cos\alpha + [1 - k_{d,\lambda}(\alpha)]\exp[-(\tan^2\alpha) / m_\lambda^2(\alpha)] / \cos^5\alpha\} \tag{5.18}$$

式中，$I_{l,\lambda}(\alpha)$ 为 HSL 在某一波长 λ 和入射角 α 下叶片后向散射回波强度；$I_{l,\lambda}(0)$ 为叶片在波长 λ 和法线方向的后向散射回波强度；$k_{d,\lambda}(\alpha)$ 和 $m_\lambda(\alpha)$ 分别为漫反射比例和在该波长 λ 和入射角 α 下的表面粗糙度因子，式（5.18）同时考虑了波长和入射角对 $k_{d,\lambda}(\alpha)$ 和 $m_\lambda(\alpha)$ 的影响。进一步，作者提出了反射率校正模型（Bai et al.，2021），如下：

$$r_{\lambda,c}(\alpha) = \frac{I_{l,\lambda}(\alpha) r_{w-p}}{I_{w-p,\lambda}(0)\{k_{d,\lambda}(\alpha)\cos\alpha + [1 - k_{d,\lambda}(\alpha)]\exp[-(\tan^2\alpha) / m_\lambda^2(\alpha)] / \cos^5\alpha\}} \tag{5.19}$$

式中，$r_{\lambda,c}(\alpha)$ 为叶表在波长λ和入射角α下的反射率；$I_{w-p,\lambda}(0)$ 为白板在法线方向的后向散射强度。

5.3.2 植被叶片回波强度入射角效应校正

图 5-9 为基于 32 波段高光谱激光雷达系统三种植被叶片校正前的原始回波强度。图 5-10 为原始 Poullain 模型对应的校正效果，总体上看校正效果并不理想。山玉兰、胡桃和血桐在大于 40° 时校正后的回波强度显示出较大波动性；胡桃和血桐随入射角变化其强度波动最大，校正效果比较差。可能的原因是 HSL 原型机采集强度数据时，由系统误差造成。图 5-11 为利用改进后的校正模型校正结果，总体而言，校正后，其他入射角的强度接近法线方向的强度。结果表明，同时考虑了入射角和波长的模型比原始模型校正效果要好，使用改进模型时，总体上入射角效应已被消除。

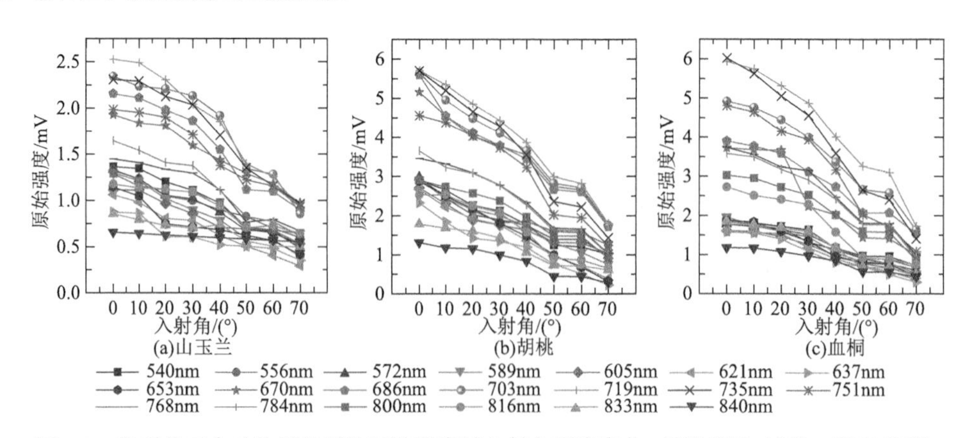

图 5-9 校正前三个叶片样品原始回波强度随入射角强度变化（彩图请扫封底二维码查看）

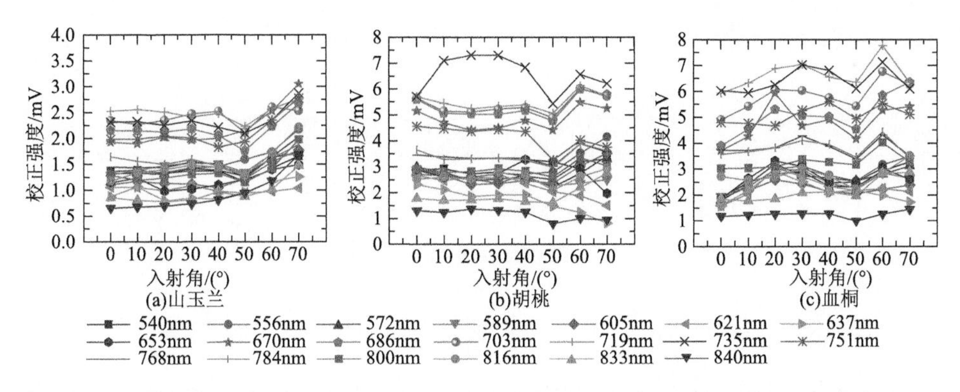

图 5-10　原始模型校正后三个叶片样品随入射角强度变化（彩图请扫封底二维码查看）

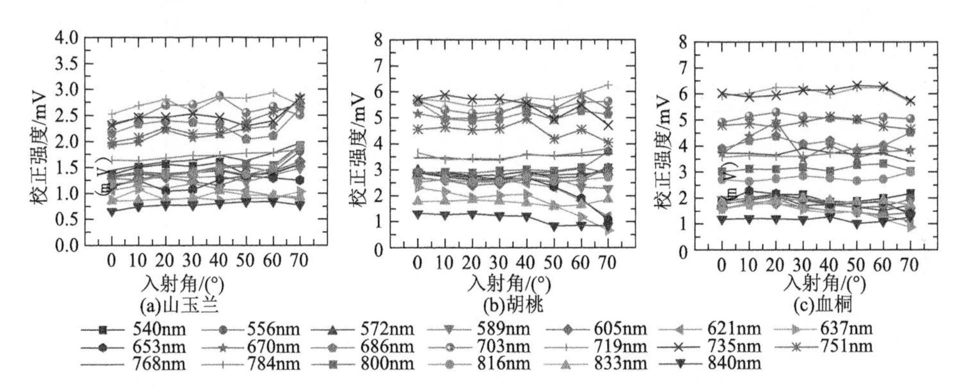

图 5-11　改进模型校正后三个叶片样品随入射角强度变化（彩图请扫封底二维码查看）

5.3.3　植被叶片反射率入射角效应校正

图 5-12 描绘了校正前上述三个叶片样品随入射角变化的原始反射率，可以明显看出，原始反射率随角度变化有明显波动，在入射角大于 50° 时最为明显。图 5-13 和图 5-14 分别显示了使用原始模型和改进模型校正后的反射率。如图 5-13 所示，入射角为 40°～70°，波长为 816nm、833nm 和 840nm 时，对于山玉兰，其反射率接近于 1，这是由于使用原始模型校正后强度异常增加所致。入射角大于 50° 时，胡桃和血桐在 833nm 处的反射率显著增加，增加原因相同。总体来看，在大多数波长下校正后的反射率都没有接近法线方向的反射率。

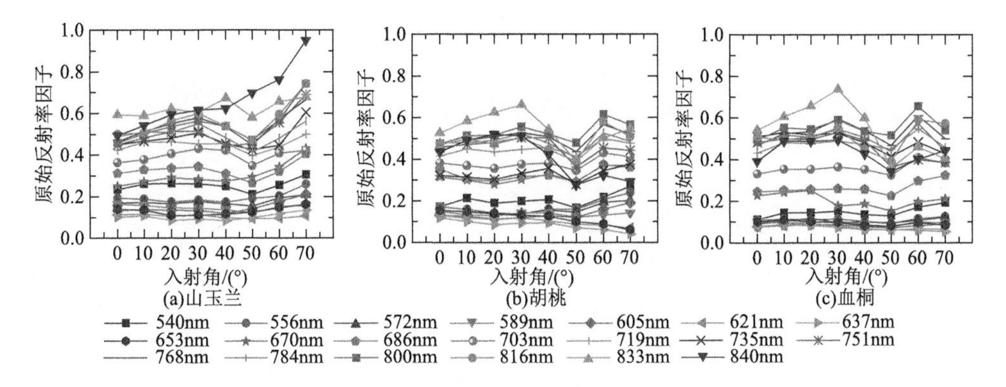

图 5-12　校正前上述三个叶片样品随入射角变化的原始反射率（彩图请扫封底二维码查看）

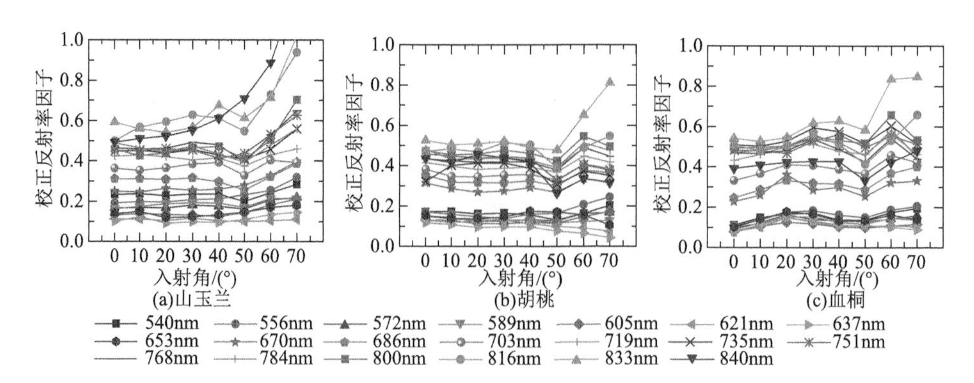

图 5-13　原始模型校正后上述三个叶片样品随入射角变化的反射率变化（彩图请扫封底二维码查看）

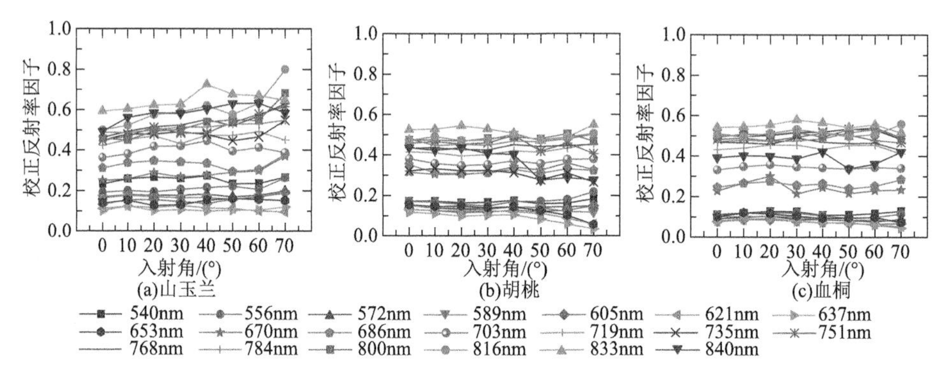

图 5-14　改进模型校正后上述三个叶片样品随入射角变化的反射率变化（彩图请扫封底二维码查看）

使用改进模型对反射率进行校正后，与原始模型的校正结果相比，反射率无明显波动（图 5-14），总体而言，其他入射角校正后反射率接近法线方向的反射率。因此可以得出结论，将入射角和波长同时考虑在内的模型比仅考虑波长的模型要好，使用修正模型后，整体入射角效应得到很大改善。

5.3.4　误差分析

为定量对比分析其校正效果，进行了误差分析。以 0° 入射角下的回波强度和反射率为标准值，统计了原始校正模型和本章所述校正方法校正后回波强度和反射率的标准差。图 5-15 为使用原始模型和修正后模型校正回波强度的标准差，从图 5-15 中可以明显看出：使用本章所述校正方法强度的标准差整体小于原始校正模型，标准差较小，在全部实验波长上整体优于原始模型。

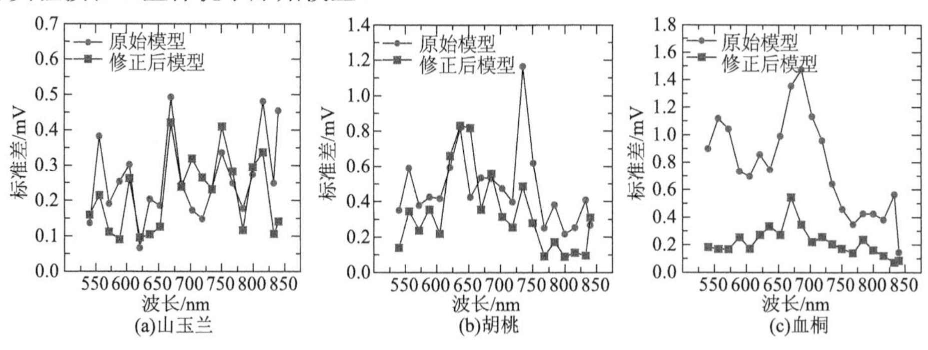

图 5-15　使用原始模型和修正后模型校正回波强度的标准差

图 5-16 为使用原始模型和修正后模型校正反射率的标准差，从图 5-16 中可以明显看出：使用本章所述校正方法反射率的标准差整体小于原始校正模型，标准差较小，在全部实验波长上整体优于原始模型。

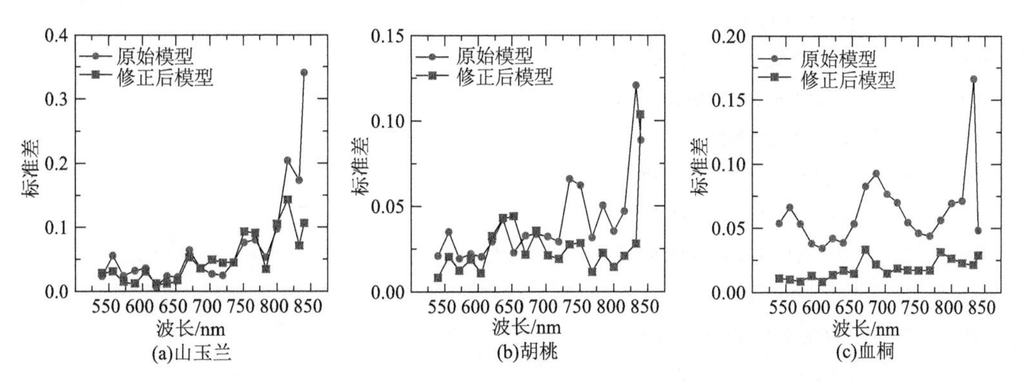

图 5-16 使用原始模型和修正后模型校正反射率的标准差

5.4 本 章 小 结

本章围绕高光谱激光雷达条件下植被叶片复杂表面反射特性这一中心，首先介绍了影响植被叶片反射特性的叶片结构和生化组分两部分内容，对常见的可能适用于植被叶片二向反射特性描述的数学物理模型进行了简单总结，然后重点介绍了 Poullain 模型，对 Poullain 模型产生的背景、在植被领域的应用，以及改进的 Poullain 模型进行了详细介绍。利用原始的和改进的 Poullain 模型对高光谱激光雷达植被叶片的回波强度和反射率进行了校正，并分析了其校正误差，实验表明，改进的 Poullain 模型可以对上述山玉兰、胡桃和血桐叶片进行校正，模型中参数估算方法采用的是最小二乘法，但该改进算法是否可以广泛应用到其他植被种类和其他目标物中还有待进一步开展实验论证。此外，未来机载高光谱激光雷达中如何使用该算法也需要进一步研究。

有关 Poullain 模型的介绍还可以参考 Xu 等（2021）和 Tian 等（2021）等的研究，不同的研究人员对其进行了深入探索。总体上看，目前有关高光谱激光雷达条件下植被叶片入射角效应校正的研究还比较少，高光谱激光雷达作为一种新型激光雷达系统，有关其入射角效应校正方法还需要更多学者和研究人员不断深入探索。

参 考 文 献

崔永，刘辉，陆素娟，等. 2009. 云南省红河州石漠化治理树种叶的结构研究. 湖南林业科技，36(3): 11-13.

姜在民，贺学礼. 2009. 植物学. 咸阳：西北农林科技大学出版社.

李先源. 2007. 观赏植物学. 重庆：西南师范大学出版社.

邹支龙. 2019. 叶的形态、结构、功能及其适应性特征例析. 生物学教学, 44(3): 69-70.

Bai J, Gao S, Niu Z, et al. 2021. A Novel algorithm for leaf incidence angle effect correction of hyperspectral LiDAR. IEEE Transactions on Geoscience and Remote Sensing, 60: 1-9.

Beckmann P, Spizzichino A. 1987. The Scattering of Electromagnetic Waves from Rough Surfaces. New York: Pergamon.

Curran P J. 1989. Remote sensing of foliar chemistry. Remote Sensing of Environment, 30 (3): 271-278.

Filella I, Serrano L, Serra J, et al. 1995. Evaluating wheat nitrogen status with canopy reflectance indices and discriminant analysis. Crop Science, 35 (5): 1400-1405.

Gould K, Davies K M, Winefield C. 2008. Anthocyanins: Biosynthesis, Functions, and Applications. Berlin: Springer Science & Business Media.

Hapke B. 2012. Theory of Reflectance and Emittance Spectroscopy. Cambridge: Cambridge university press.

Hasegawa H. 2006. Evaluations of LIDAR reflectance amplitude sensitivity towards land cover conditions. Bulletin of the Geographical Survey Institute, 53 (6): 43-50.

Hatfield J L, Gitelson A A, Schepers J S, et al. 2008. Application of spectral remote sensing for agronomic decisions. Agronomy Journal, 100(3): S-117-S-131.

Houles V, Guerif M, Mary B. 2007. Elaboration of a nitrogen nutrition indicator for winter wheat based on leaf area index and chlorophyll content for making nitrogen recommendations. European Journal of Agronomy, 27 (1): 1-11.

Jensen J R. 2009. Remote sensing of the environment: An earth resource perspective 2/e. Pearson Education India.

Kaasalainen S, Jaakkola A, Kaasalainen M, et al. 2011. Analysis of incidence angle and distance effects on terrestrial laser scanner intensity: Search for correction methods. Remote Sensing, 3 (10): 2207-2221.

Kaasalainen S, Akerblom M, Nevalainen O, et al. 2018. Uncertainty in multispectral LiDAR signals caused by incidence angle effects. Interface Focus, 8(2): 20170033.

Mohamed E S, Saleh A M, Belal A B, et al. 2018. Application of near-infrared reflectance for quantitative assessment of soil properties. The Egyptian Journal of Remote Sensing and Space Science, 21 (1): 1-14.

Oren M, Nayar S K. 1995. Generalization of the Lambertian model and implications for machine vision. International Journal of Computer Vision, 14 (3): 227-251.

Phong B T. 1973. Illumination for computer generated images. Commun of Acm, 18(6): 311-317.

Poullain E, Garestier F, Bretel P, et al. 2012. Modeling of ALS intensity behavior as a function of incidence angle for coastal zone surface study. 2012 IEEE International Geoscience and Remote Sensing Symposium. IEEE: 2849-2852.

Poullain E, Garestier F, Levoy F, et al. 2016. Analysis of ALS intensity behavior as a function of the incidence angle in coastal environments. IEEE Journal of Selected Topics in Applied Earth Observations and Remote Sensing, 9(1): 313-325.

Pu R, Gong P. 2011. Hyperspectral remote sensing of vegetation bioparameters. Advances in Environmental Remote Sensing: Sensors, Algorithms, and Applications, 7: 101-142.

Schertz F M. 1921. A chemical and physiological study of mottling of leaves. Botanical Gazette, 71 (2): 81-130.

Tam R, Magistad O. 1935. Relationship between nitrogen fertilization and chlorophyll content in pineapple plants. Plant Physiology, 10 (1): 159.

Tan K, Cheng X. 2016. Correction of incidence angle and distance effects on TLS intensity data based on reference targets. Remote Sensing, 8(3): 251.

Tan K, Cheng X. 2017. Specular reflection effects elimination in terrestrial laser scanning intensity data using Phong model. Remote Sensing, 9(8): 853.

Tian W, Tang L, Chen Y, et al. 2021. Analysis and radiometric calibration for backscatter intensity of hyperspectral LiDAR caused by incident angle effect. Sensors (Basel), 21(9): 2960.

Torrance K E, Sparrow E M. 1967. Theory for off-specular reflection from roughened surfaces. Josa, 57(9): 1105-1114.

Ward G J. 1992. Measuring and modeling anisotropic reflection, proceedings of the 19th annual conference on Computer graphics and interactive techniques. ACM SIGGRAPH Computer Graphics 26(2): 265-272.

Xu Q, Yang J, Shi S, et al. 2021. Analyzing the effect of incident angle on echo intensity acquired by hyperspectral LiDAR based on the Lambert-Beckman model. Optics Express, 29(7): 11055-11069.

Zhang C, Gao S, Li W, et al. 2020. Radiometric calibration for incidence angle, range and sub-footprint effects on hyperspectral LiDAR backscatter intensity. Remote Sensing, 12(17): 2855.

Zhu X, Wang T, Darvishzadeh R, et al. 2015. 3D leaf water content mapping using terrestrial laser scanner backscatter intensity with radiometric correction. ISPRS Journal of Photogrammetry and Remote Sensing, 110: 14-23.

第 6 章　单株尺度的植株理化参数提取

由于不同高度处的光照、水分和营养物质等条件的差异，植被生理生化参数在空间上呈现出三维分布特征。对植被生理生化参数的三维特性监测，有利于评估作物病虫害和营养情况（Gewali，2018；Ye et al.，2018；Zhu et al.，2015），对农作物的施肥管理、作物育种等具有重要意义，并且对生态环境保护和全球气候变化等科学研究也会有一定的促进作用。

植被的三维特性影响遥感对植被进行监测时获取的反射率信息（Knyazikhin et al.，2013；Zhao et al.，2016），探究植被生理生化参数的空间分布，可为遥感数据的尺度转换和验证提供基础，提高遥感数据模拟和反演的准确性。辐射传输模型为植被遥感提供理论基础，建立起反射率信息与植被自身属性的关系。辐射传输模型已由 PROSPECT 模型（Feret et al.，2015）、LIBERTY 模型（Dawson et al.，1998）、N 流模型（Richter and Fukshansky，2010）等叶片模型扩展到冠层模型[SAIL 模型（Verhoef，1984）、Suit 模型（Suits，1971）等]。但目前的辐射传输模型难以充分考虑植被理化属性的三维立体特征，在模拟时主要将植被的三维立体属性进行二维化表示。因此，对植被垂直异型性的观测和理解有助于辐射传输模型的进一步发展完善。

被动遥感数据具有丰富的光谱信息，已广泛应用于植被生理生化参数提取。多层辐射传输模型已逐步发展起来并用于分析植被的垂直异质性特征对冠层反射率的影响（Kuusk，2001；Wang and Li，2013）。被动遥感的传感器在探测植被生理生化三维参数分布方面主要包含以下几种观测方式：①顶部观测。传感器在植被顶部对植被反射率信息进行获取，然而，在获取的混合反射率信息中，植被冠层上部分对反射率的贡献百分比大于下部分冠层（Ciganda et al.，2012），造成传感器只能获取冠层内一定深度的生理生化信息。②多角度观测。该观测方式通过选择对所探测高度处的最优观测角度来进行垂直生理生化参数的提取（He et al.，2016；Huang et al.，2011；Wang et al.，2007）；但是，利用多角度获取的光谱信息仍然是来自各个垂直层的混合信息。此外，该方式获取的数据由于缺乏实际的空间信息，其有效性受到限制（Li et al.，2013）。③手动分层。为了深入了解冠层生理生化参数的非均匀分布特征，可以通过手动分层来获取不同高度层的光谱信息，从而在垂直方向上表征植被特性（Li et al.，2015；Liao et al.，2013）；但这种方式费时费力，难以进行大尺度范围的应用（Li et al.，2013）。此外，被动遥感获取的光谱信息受到土壤背景、太阳光照以及地物阴影等因素的干扰（Eitel et al.，2010；Zhu et al.，2015），这对植被生理生化参数的反演造成了很多不确定性。

LiDAR 相比于被动遥感，不仅可以在很大限度上消除背景、阴影等干扰因素的影响，而且具有很强的垂直探测能力，主要应用于冠层结构参数（高度、LAI 等）提取（Calders et al.，2020；Eitel et al.，2010；Hosoi and Omasa，2009；Su et al.，2019；Walter et al.，2019）。但商业化激光雷达一般为单波段激光探测器，其后向回波信号包含的光谱信息少，难以进行植被生理生化参数反演。因此，现有的商业化遥感探测系统，无论是传统雷达还是被动光学传感器，均无法满足对植被生理生化参数三维分布监测的需要。HSL作为一种新型的遥感探测设备，将被动遥感和激光雷达进行融合，获取的高光谱三维点云同时包含目标物的光谱信息和三维结构。因此，HSL 仪器在植被生理生化参数三维反演方面具有很大潜力，从而可在精细农业和作物表型育种等领域发挥重要作用。

6.1 入射角校正

6.1.1 比值植被指数

入射角是影响激光雷达回波强度的重要因素，该角度定义为激光束入角方向与叶片法向量之间的夹角，且随着入射角角度的增大，激光回波强度逐步减小（Zhu et al.，2017）。单波长的激光雷达只有一个光谱波段，因此对辐射校正的要求更高（Zhu et al.，2015）；相比之下，双波段或多波段的激光系统可以通过使用比值或归一化指数来降低入射角的影响。这是因为不同光谱波段沿着相同的光学路径进行目标物的数据采集，各波段所受的影响因素相近，因此通过波段间比值的方法可以在很大程度上消除干扰因素对回波信号的影响（Gaulton et al.，2013；Nevalainen et al.，2014）。

6.1.2 Lambertian-Beckmann 模型

在对目标物进行激光雷达扫描时，后向散射强度中的镜面反射会混淆目标物的真实光谱属性，而返回信号中镜面反射和漫反射的占比与叶片的表面属性和光谱波段均有关（Kaasalainen et al.，2018）。Lambertian 模型用来描述物体的漫反射属性，该部分属性与叶片内部的生化属性相关；Beckmann 定律则描述目标物的镜面反射，主要取决于叶片表面特性，因此，二者组合可以模拟目标物的反射率特性（Zhu et al.，2015），由于构建的模型中包含了入射角参数，因此该模拟模型可以用来进行激光回波信号的入射角校正：

$$I=f\{k_{\mathrm{d}}\cos\alpha+[(1-k_{\mathrm{d}})\exp(-\tan^2\alpha/m^2)/\cos^5\alpha]\} \tag{6.1}$$

式中，I 为高光谱激光雷达的后向散射强度；f 为正常入射角下的后向散射强度；k_{d} 为漫反射比例，变化范围为 0～1；α 为入射角；m 为表面粗糙度，变化范围为 0～0.6。通过迭代过程，当模拟的回波强度与测量值之间的拟合最佳时，确定 k_{d} 和 m。

利用 Lambertian-Beckmann 模型（表 6-1）模拟不同波长下的玉米叶片回波强度的漫反射比例和粗糙度。所构建的模型 R^2 均大于 0.74，证明该模型能够有效地模拟不同入射角下玉米叶片的光谱信息。随着波长的增加，k_{d} 值在前几个波段降低，然后从 637nm 处开始显著增加[图 6-1（a）]。为了进一步探索 20 个高光谱激光雷达波段的漫反射比例和反射率之间的关系，对 20 个数据对建立了线性模型，并观察到漫反射比例和反射率二者间存在强的正相关[R^2=0.77，图 6-1（b）]。漫反射比例与波段之间的这种正相关特性也被其他研究所证实。此外，523～572nm 波段之间四个波段对应的数据点偏离于其他散点，这可能与仪器的硬件制造技术相关。相比之下，代表叶片粗糙度的参数 *m* 没有显示出对光谱波段的依赖性。

表 6-1 基于 Lambertian- Beckmann 模型的高光谱激光雷达反射率模拟

项目	523 nm	540 nm	556 nm	572 nm	589 nm
k_d	0.8	0.85	0.82	0.79	0.75
m	0.15	0.17	0.16	0.16	0.16
R^2	0.74	0.75	0.79	0.80	0.81
项目	605 nm	621 nm	637 nm	653 nm	670 nm
k_d	0.7	0.7	0.67	0.72	0.75
m	0.16	0.16	0.15	0.15	0.16
R^2	0.82	0.84	0.87	0.89	0.89
项目	686 nm	703 nm	719 nm	735 nm	751 nm
k_d	0.8	0.84	0.88	0.9	0.92
m	0.17	0.18	0.17	0.19	0.19
R^2	0.89	0.88	0.89	0.9	0.92
项目	768 nm	784 nm	800 nm	816 nm	833 nm
k_d	0.92	0.93	0.95	0.96	0.98
m	0.21	0.2	0.12	0.01	0.01
R^2	0.94	0.93	0.95	0.81	0.81

注：k_d 表示漫反射比例；*m* 表示表面粗糙度。

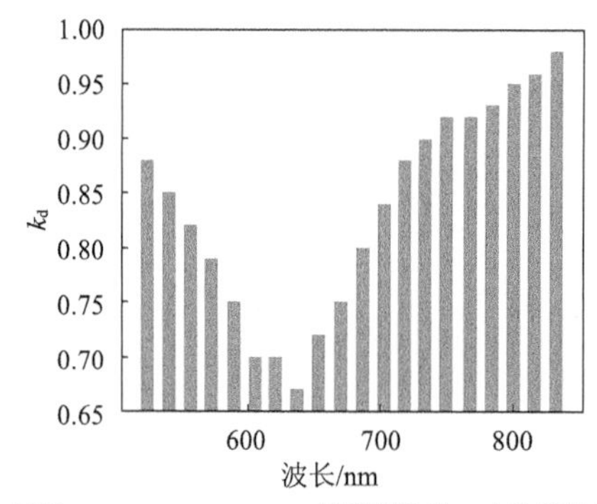

(a)基于Lambertian-Beckmann模型获取的20个波段处的k_d值

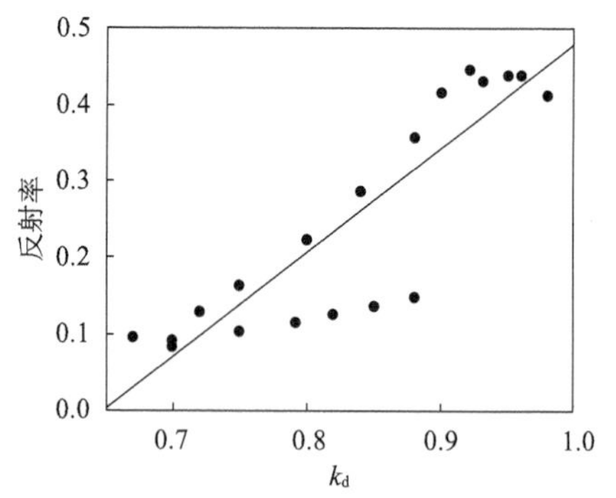

(b)20个光谱波段k_d值与反射率间的拟合关系

图 6-1 漫反射比例 k_d 与波长和反射率的相关性

6.2 冠层结构和生化参数一体化提取

高光谱激光雷达数据同时包含了目标物的光谱信息和空间信息，因此该新型设备具备对目标物进行结构参数和生化参数一体化提取的可能性。火炬花在视觉上具有红色和绿色两种叶片，其生化组分在空间上具有明显的异质性特征，因此利用火炬花盆栽来初步探测高光谱激光雷达对植被生理生化参数一体化提取的能力。

6.2.1 三维生化参数提取

在构建火炬花植株生化组分三维点云之前，首先随机选择 25 片火炬花叶片（实测生化组分如表 6-2 所示），通过获取的二维叶片高光谱激光雷达数据集（即叶片粘贴在背景板上进行高光谱激光雷达扫描）来构建各生化组分与 $CI_{red\ edge}$ 指数线性拟合模型。图 6-2 显示了火炬花叶片在 523～849nm 光谱范围内的激光雷达回波强度曲线和反射率曲线。绿色叶片由于具有较高的叶绿素含量而在红边区域的反射率明显高于红色叶片，红色叶片的反射率曲线则在 637nm 具有比较高的反射率，这些现象证实了高光谱激光雷达获取的反射率信息可以有效监测到生化组分的光谱特征。$CI_{red\ edge}$ 与叶绿素、氮素以及类胡萝卜素之间的线性拟合模型如表 6-3 所示，三个模型具有比较高的反演能力（R^2>0.95）。构建的模型随后用于两株火炬花的三维点云，进行三维生化组分刻画。

表 6-2 火炬花叶片实测生化参数

参数	最小值	最大值	标准差	平均值
氮素/%	0.07	0.46	0.16	0.29
叶绿素/（mg/g）	0.02	3.40	1.38	1.76
类胡萝卜素/（mg/g）	0.01	0.62	0.25	0.32

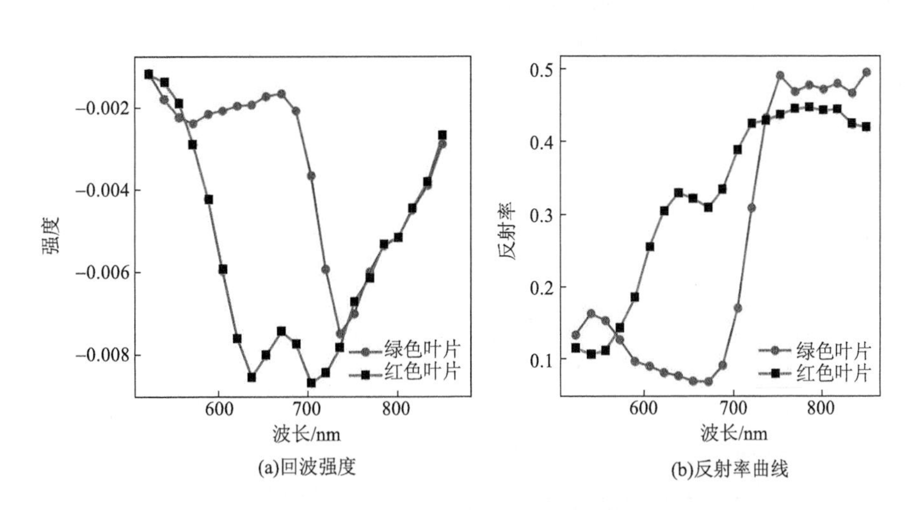

图 6-2 红色叶片和绿色二维叶片的回波强度和反射率曲线

表 6-3 二维叶片构建的生化组分和 $CI_{red\ edge}$ 间的拟合关系

生化组分	氮素	叶绿素	类胡萝卜素
拟合公式	Y=0.17 • $CI_{red\ edge}$ +0.08	Y=1.46 • $CI_{red\ edge}$−0.03	Y=0.26 • $CI_{red\ edge}$

由于 $CI_{red\ edge}$ 指数的计算是基于高光谱激光雷达 784nm 和 703nm 光谱波段，因此 784nm 波段、703nm 波段以及 $CI_{red\ edge}$ 指数在一大一小两颗火炬花植株上的三维分布被刻画出来（图 6-3）。如图 6-3（a）和（b）所示，叶片边缘的回波强度明显低于叶片内部，

这意味着 784nm 波段的回波强度受边缘效应影响严重。此外，叶片顶部的回波强度明显高于叶片根部的回波强度，这是由于不同叶片位置处的激光入射角不一致。相比于 784nm 光谱波段，703nm 波段的回波强度[图 6-3（c）和（d）]可以明显区分出红色叶片和绿色叶片。基于 784nm 和 703nm 波段反射率构建的 $CI_{red\ edge}$ 指数[图 6-3（e）和（f）]可以更加清楚地表达火炬花植株的细节，加强不同位置点处的属性差异，且通过波段间的比值可以部分消除入射角和边缘效应的影响。由此可见，植被指数相比于单波段光谱具有更强的植被探测能力。

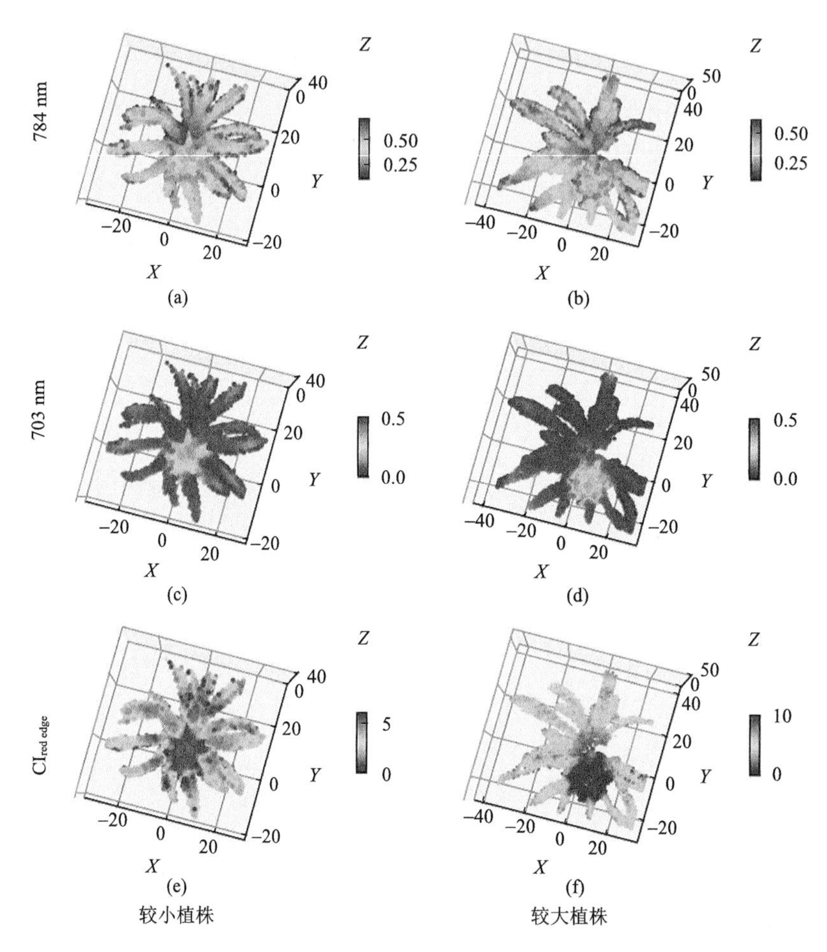

图 6-3 784 nm 波段、703 nm 波段以及 $CI_{red\ edge}$ 在较小植株[（a）、（c）、（e）]和较大植株[（b）、（d）、（f）]上的三维分布（彩图请扫封底二维码查看）

X、*Y*、*Z* 轴的单位为 cm

基于表 6-3 中构建的 $CI_{red\ edge}$ 指数和各生化组分的关系，叶绿素、氮素、类胡萝卜素在任意三维点上的含量可以被有效反演出来，由此可以在视觉上清楚地表征火炬花植株在空间水平和垂直方向上的生化参数变化（图 6-4）。氮素、叶绿素、类胡萝卜素在较小植株上的变化范围分别为 0%～1.2%、0～10.1 mg/g、0～1.7 mg/g，在较大植株上的变化范围分别为 0%～1.6%、0～13.3 mg/g、0～2.2 mg/g，两株火炬花含量的差异是由于其生长时期不一致。此外，火炬花植株的红色部分生化含量比其他的绿色叶片较低，体现出生化组分空间分布的异质性。

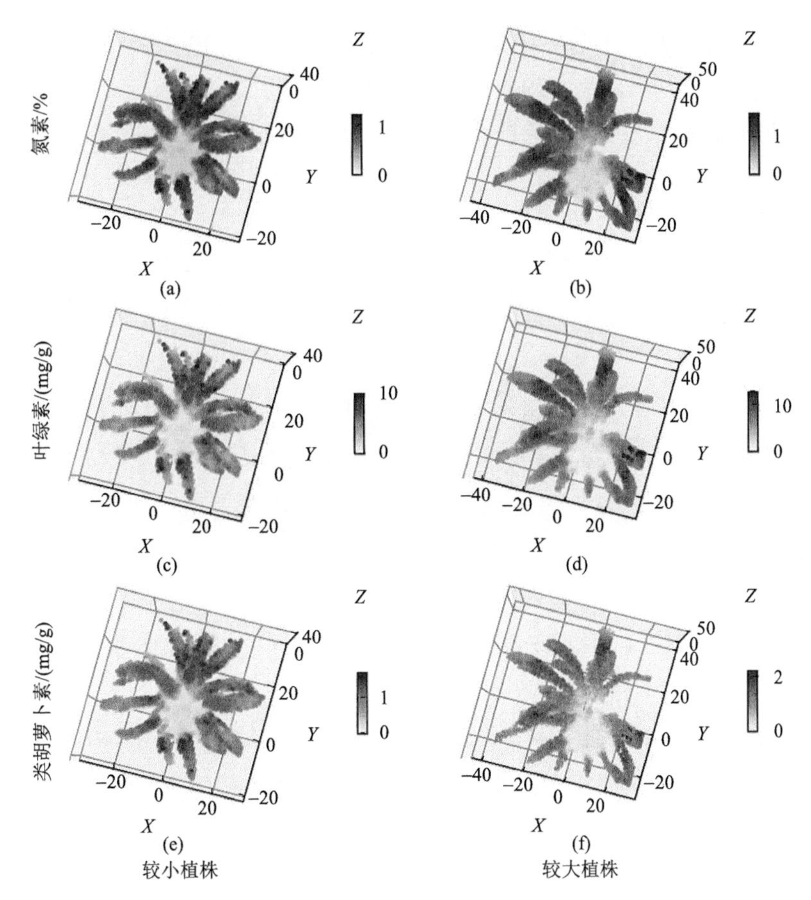

图 6-4　叶绿素、氮素以及类胡萝卜素在较小植株[（a）、（c）、（e）]和较大植株[（b）、（d）、（f）]上的三维分布

X、Y、Z 轴的单位为 cm（彩图请扫封底二维码查看）

6.2.2　结构参数提取

HSL 点云的三维高程分布如图 6-5 所示。从三维点云可以看出，每片火炬花叶子都有明确的空间，其长度和宽度在视觉上也被清晰地展示出来。较大植株比较小植株在空间上具有更大的宽度和高度，且叶片数目更多；每株植物由红色叶片组成的中心部分在高度上均高于其他部位。证实了高光谱激光雷达具有提取植株空间信息的能力。

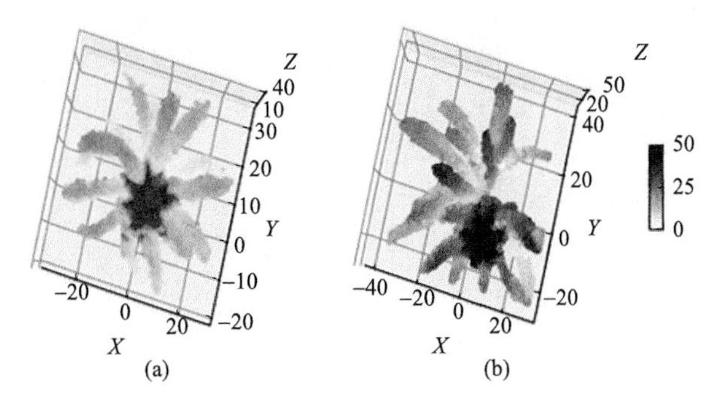

图 6-5　较小植株（a）和较大植株（b）的三维高程分布

X、Y、Z 轴的单位为 cm

为了验证高光谱激光雷达空间信息提取的精度，同时利用商业化手持式激光扫描系统对两株火炬花进行三维扫描。相比于高光谱激光雷达，利用激光扫描仪获得的点云仅包含目标物的位置信息，其获取的植株三维点云如图 6-6 所示。由于商用激光扫描系统具有很高的精度（精度为 0.03mm），其构建的叶片点云比 HSL 的叶片点云要平滑得多。此外，较大和较小植株的激光扫描仪点云中包含的三维点个数分别为231593 个和 320454 个，是 HSL 点云的近 100 倍，因此其叶片边缘的特征也得到了更好的描述。然而，由于火炬花根部处的叶片叶倾角过大，因此激光扫描仪在扫描时丢失了该部位的部分三维点。

(a) (b)

图 6-6 手持式激光扫描仪获取的较小植株（a）和较大植株（b）三维点云的高程分布（彩图请扫封底二维码查看）

将高光谱激光雷达和手持式激光扫描仪获取的三维点云提取植株的结构参数以及实测的结构参数进行对比，来探究高光谱激光雷达在结构参数提取方面的能力。结构参数包括冠层高度（canopy height，CH）、最大冠幅宽度（canopy width，CW）以及冠层投影面积（projected leaf area，PLA），即在参数测量时需将点云投影到 *X-Y* 二维平面，然后进行投影面积的估算。火炬花植株三维点云的以上三个结构参数利用 LiDAR360 软件进行提取。由于 PLA 实测比较困难，因此研究中没有考虑 PLA 的实测值。

三种方式提取的结构参数间的对比如图 6-7 所示。较小火炬花的三个参数值均低于较大火炬花。对于 CW 和 CH 而言，手持式激光扫描仪提取的参数与实测值之间的差异均在 1cm 以内，再次验证了手持式激光扫描仪点云数据的高精度。对于高光谱激光雷达而言，其获取的结构参数均比以上两种测量方法的结果要高，这主要是受高光谱激光雷达示波器较低的采样频率以及扫描时较短的探测距离所限制。尽管如此，高光谱激光雷达对植株结构参数的探测能力仍得到了初步的证实。

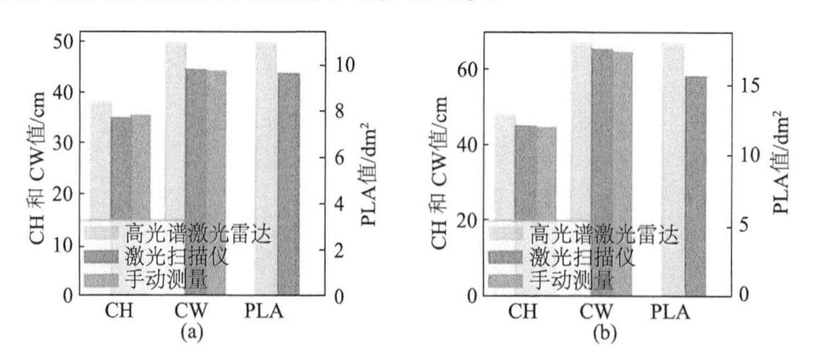

图 6-7 较小植株（a）和较大植株（b）的最高冠层高度（CH）、最大冠层宽度（CW）、投影面积（PLA）的反演值对比

横轴为结构参数，纵轴为估算值

6.3 冠层垂直叶绿素反演

6.3.1 上下层三维点云

通过对高光谱激光雷达波段的分析，发现 $CI_{red\ edge}$ 指数对叶绿素的敏感性最高。因此，基于 $CI_{red\ edge}$ 指数探究高光谱激光雷达的冠层叶绿素的垂直探测能力。健康玉米和缺氮玉米两个对照组的叶绿素实测值如图 6-8 所示。健康玉米和缺氮玉米的叶绿素含量存在显著差异，其中，健康玉米的叶绿素含量明显高于缺氮组，缺氮玉米和健康玉米上下层实测叶绿素的变化范围分别为 0.72～1.72mg/g 和 1.32～2.71mg/g。另外，健康玉米下层的叶绿素浓度高于上层，这与缺氮玉米相反（图 6-8）。

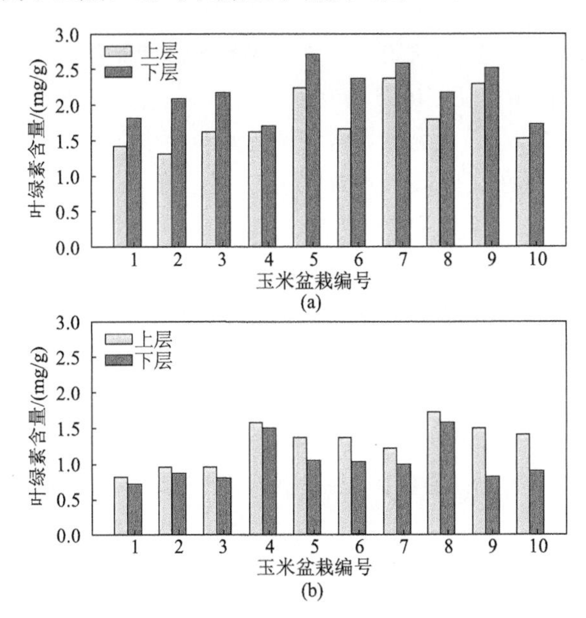

图 6-8 健康玉米（a）和缺氮玉米（b）上下层的叶绿素含量实测值

为了分析反演中的不确定性因素，对健康和缺氮玉米三维点云中所有的 $CI_{red\ edge}$ 值进行分布统计（图 6-9）。可以看出，每个点云中都存在一些异常值，异常值的加入也是影响反演精度的一个重要因素。此外，对于每个缺氮玉米植株，上部层的平均 $CI_{red\ edge}$ 值高于下层[图 6-9（a）]，这与健康玉米相反[图 6-9（b）]，这一趋势与实测叶绿素含量的分布规律一致（图 6-8），意味着每个点云中 $CI_{red\ edge}$ 的平均值可以有效地代表玉米上部分和下部分植被冠层的特性。

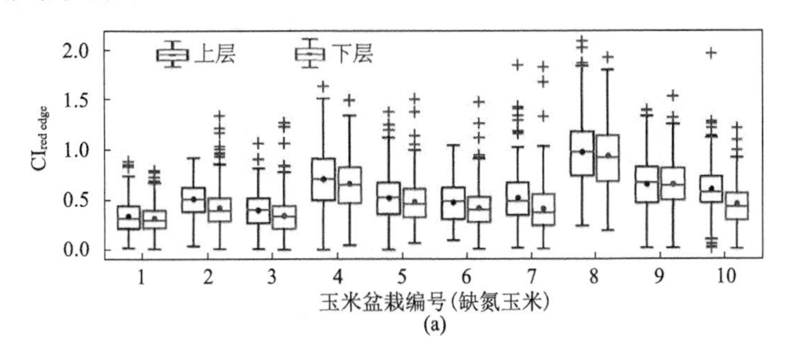

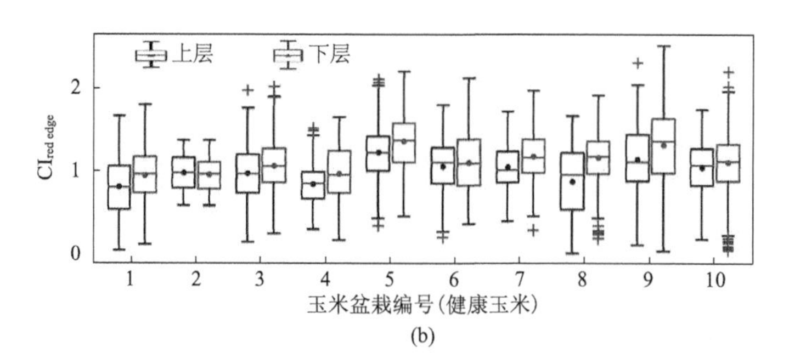

(b)

图 6-9 （a）缺氮玉米和（b）健康玉米上下层 $CI_{red\ edge}$ 值的分布统计（彩图请扫封底二维码查看）

6.3.2 上下层叶绿素估算

图 6-10 显示了玉米上层和下层的 $CI_{red\ edge}$ 指数与叶绿素浓度的拟合关系。较高的 R^2（0.73 和 0.91）和较低的 RMSE（0.15 和 0.11）表明 $CI_{red\ edge}$ 指数可以有效监测玉米不同高度处叶片的叶绿素浓度。下层叶绿素含量的有效反演表明高光谱激光雷达具有比较强的植被冠层穿透能力。此外，健康玉米的 $CI_{red\ edge}$ 指数值高于缺氮玉米的相应值，因此，利用 $CI_{red\ edge}$ 指数也可以区分出玉米的健康状况。

为了直观地显示叶绿素浓度的三维分布，图 6-11（a）和（b）展示了缺氮和不缺氮两颗玉米植株的点云。可以看出，高光谱激光雷达可以监测到每一层甚至每一个三维点上叶绿素含量的变化。此外，叶片边缘或弯曲处的点与其他内部点的叶绿素含量值并没有表现出明显差异，这说明所选的比值光谱指数可以有效减少叶片边缘效应和入射角等对反演效果造成的影响。健康玉米植株的中部，即茎所在的位置，显示出较低的叶绿素浓度，然而在我们垂直反演研究中，只考虑了植被冠层，而没有将茎一并纳入考虑。

与健康玉米相比，缺氮玉米的叶绿素含量比较低，除了可以利用数值定量化地对两个对照组中的植株进行区分外，也可以在视觉上通过三维点云分布图来对二者进行对比。图 6-11（c）和（d）进一步分析了两颗植物相应的叶绿素垂直分布情况，缺氮玉米叶绿素含量随高度增加而增加，与健康玉米相反。虽然实验中用于高光谱激光雷达实验的玉米植株高度较矮，但叶绿素浓度与玉米株高间具有明显的相关关系，进一步显示了高光谱激光雷达在监测植被生化参数垂直分布方面的能力。

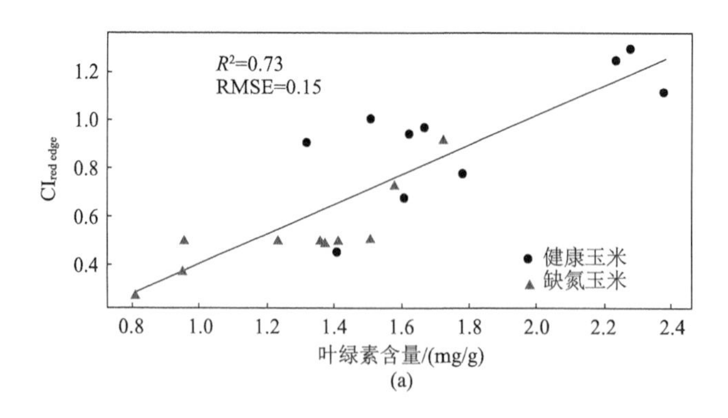

(a)

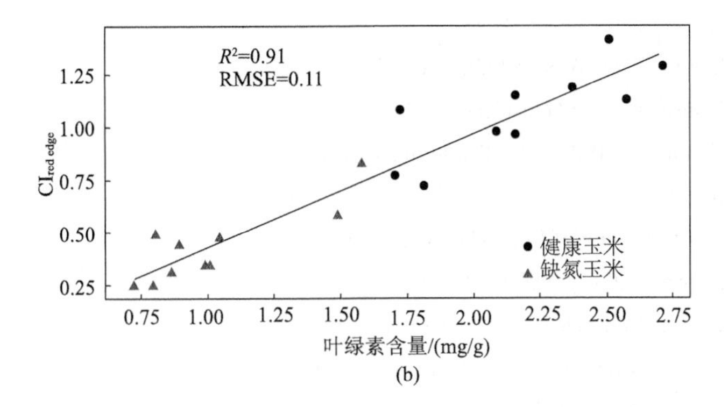

图 6-10　健康玉米和缺氮玉米上下层的叶绿素含量和 $CI_{red\ edge}$ 指数的拟合关系

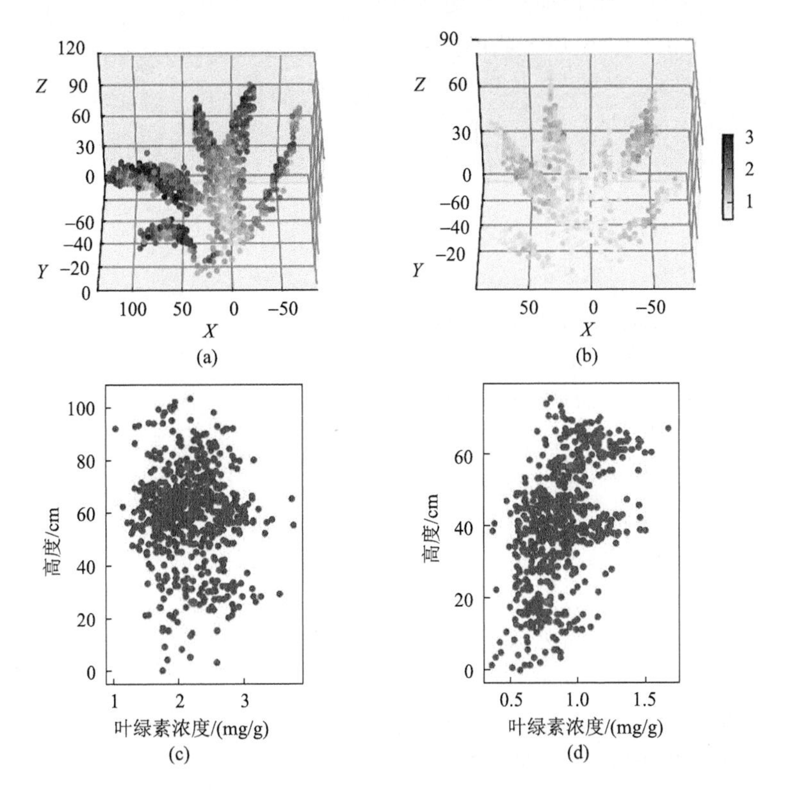

图 6-11　(a) 健康玉米和 (b) 缺氮玉米的叶绿素浓度三维分布及 (c，d) 其相应的叶绿素垂直分布情况（彩图请扫封底二维码查看）

红色点表示上层和下层的平均值；*X*、*Y*、*Z* 轴单位为 cm

6.4　冠层三维光合参数分布

光合参数在三维空间上具有垂直异质性，并呈现出随冠层深度变化的趋势（Niinemets，2007），且冠层较低处受阴影遮挡的叶片比较高处的冠层叶片具有更低的光合能力（Wu et al.，2016）。对植被光合参数的三维刻画有以下意义：①有助于探索叶片尺度和冠层尺度间光合参数反演的尺度转换机制，从而帮助育种研究者在叶片尺度进行作物光合能力的分析来提高作物产量（Wu et al.，2016），并可以将叶片尺度的实测结果用来验证大区域范围内的光合作用参数（Meacham-Hensold，2020）；②冠层的光合参数影响作物的生长发育，是作物模拟模型的重要驱动因素（Chang et al.，2019），因此对三维光合参数的刻画有助于优化作物模拟模型。

为显示高光谱激光雷达全波形数据在刻画玉米植株三维光合参数方面的潜力，利用高光谱激光雷达全波形数据构建了两株玉米的光谱点云，其空间特性如图 6-12（a）和（b）所示。尽管受制于高光谱激光雷达的扫描速度获取的点云比较稀疏，但玉米植株的各叶片和茎还是可以在三维空间清晰地展现出来。

基于 Lambertian- Beckmann 模型，对获取玉米点云的高光谱激光雷达回波强度进行角度校正。为了避免较大入射角点云出现过校正现象，将入射角大于 70° 的点从点云中分离开，仅对入射角小于 70° 的玉米叶片点进行进一步处理用于光合参数的反演。以 V_{cmax}（最大羧化速率）为例，利用叶片尺度构建的基于反射率方法的 PLSR 模型进行了玉米点云中各三维点 V_{cmax} 的估算[图 6-12（c）和（d）]。基于三维点云的光谱信息成功刻画了玉米植株光合参数的三维分布情况，证实了高光谱激光雷达在监测植物三维光合参数方面的潜在能力。

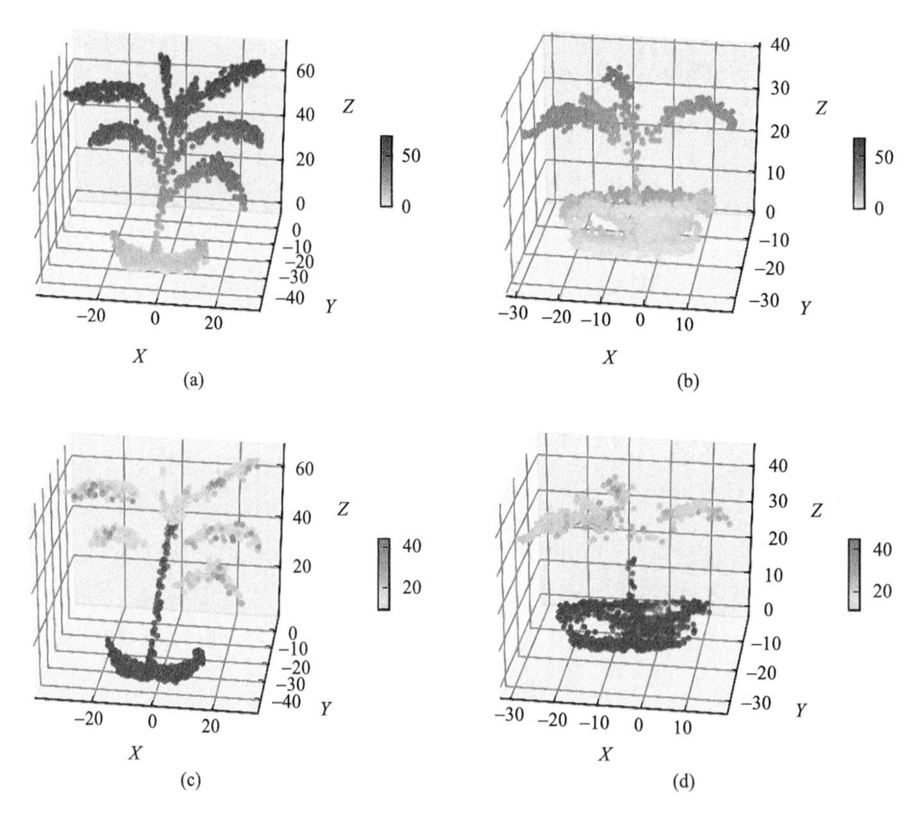

图 6-12　两株盆栽玉米[（a）和（b）]高程和[（c）和（d）]V_{cmax}的三维分布（彩图请扫封底二维码查看）
X、Y、Z 轴的单位为 cm；V_{cmax} 的单位为 μmol/（mol·s）

6.5　本 章 小 结

本章首先介绍了对激光入射角校正的两种方法，分别为比值植被指数方法和

Lambertian-Beckmann 模型方法。比值植被指数方法假设同一光学路径上不同波段间的干扰因素基本相同，而 Lambertian-Beckmann 模型则是将目标物的回波强度分为镜面反射和朗伯体反射两部分来进行模拟。

随后探究了高光谱激光雷达在冠层尺度上对植被理化参数的反演能力。鉴于高光谱激光雷达目前是原型设备，首先以火炬花植株为扫描对象，分析了该设备对植株结构参数和生化参数的一体化提取能力。然后，开展了对玉米冠层上层和下层叶绿素含量的垂直反演研究，证实了高光谱激光雷达具有穿透植株冠层而提取不同高度处生化组分含量的潜力。此外，鉴于光合参数同样具有垂直异质性，本章刻画了玉米植株光合参数的三维分布状况。

高光谱激光雷达可以获取目标物具有丰富光谱信息的三维点云，突破了以往传统二维被动遥感数据的局限性，可以在垂直方向上进行植被生化参数和光合参数的估算，并实现结构参数和生化参数的一体化提取。这对进一步挖掘植被属性的三维分布机制、促进定量化遥感发展以及优化辐射传输模型等具有重要的意义。

参 考 文 献

Calders K, Adams J, Armston J, et al. 2020. Terrestrial laser scanning in forest ecology: Expanding the horizon. Remote Sensing of Environment, 251: 112102.

Chang T G,Zhao H, Wang N et al. 2019. A three-dimensional canopy photosynthesis model in rice with a complete description of the canopy architecture, leaf physiology, and mechanical properties. J Exp Bot. 70: 2479-2490. doi:10.1093/jxb/eraa068.

Ciganda V S, Gitelson A A, Schepers J. 2012. How deep does a remote sensor sense? Expression of chlorophyll content in a maize canopy. Remote Sensing of Environment, 126: 240-247.

Dawson T P, Curran P J, Plummer S E. 1998. LIBERTY—modeling the effects of leaf biochemical concentration on reflectance spectra. Remote Sensing of Environment, 65: 50-60.

Eitel J U H, Vierling L A, Long D S. 2010. Simultaneous measurements of plant structure and chlorophyll content in broadleaf saplings with a terrestrial laser scanner. Remote Sensing of Environment, 114: 2229-2237.

Feret J B, François C, Asner G P, et al. 2015. PROSPECT-4 and 5: Advances in the leaf optical properties model separating photosynthetic pigments. Remote Sensing of Environment, 112: 3030-3043.

Gaulton R, Danson F M, Ramirez F A, et al. 2013. The potential of dual-wavelength laser scanning for estimating vegetation moisture content. Remote Sensing Environment, 132: 32-39.

Gewali U B, Monteiro S T, Saber E. 2018. Machine learning based hyperspectral image analysis: A survey. doi: 10.485501/arXiv.1802.08701.

He L, Song X, Feng W, et al. 2016. Improved remote sensing of leaf nitrogen concentration in winter wheat using multi-angular hyperspectral data. Remote Sensing of Environment, 174: 122-133.

Hosoi F, Omasa K. 2009. Estimating vertical plant area density profile and growth parameters of a wheat canopy at different growth stages using three-dimensional portable lidar imaging. Isprs Journal of Photogrammetry & Remote Sensing, 64: 151-158.

Huang W, Wang Z, Huang L, et al. 2011. Estimation of vertical distribution of chlorophyll concentration by bi-directional canopy reflectance spectra in winter wheat. Precision Agriculture, 12: 165-178.

Kaasalainen S, Akerblom M, Nevalainen O, et al. 2018. Uncertainty in multispectral lidar signals caused by incidence angle effects. Interface focus, 8: 20170033.

Knyazikhin Y, Schull M A, Stenberg P, et al. 2013. Hyperspectral remote sensing of foliar nitrogen content. Proceeding of the National Academy of Sciences of USA, 110: 185-192.

Kuusk A. 2001. A two-layer canopy reflectance model. Journal of Quantitative Spectroscopy & Radiative Transfer, 71: 1-9.

Li H, Zhao C, Huang W, et al. 2013. Non-uniform vertical nitrogen distribution within plant canopy and its estimation by remote sensing: A review. Field Crops Research, 142: 75-84.

Li H, Zhao C, Yang G, et al. 2015. Variations in crop variables within wheat canopies and responses of canopy spectral characteristics and derived vegetation indices to different vertical leaf layers and spikes. Remote Sensing of Environment, 169: 358-374.

Liao Q, Wang J, Yang G, et al. 2013. Comparison of spectral indices and wavelet transform for estimating chlorophyll content of maize from hyperspectral reflectance. Journal of Applied Remote Sensing, 7: 073575.

Meacham-Hensold K,Fo P, Wu J, et al. 2020.Plot-level rapid screening for photosynthetic parametersusing proximal hyperspectral imaging. J Exp Bot, 71(7): 2312-2328.

Nevalainen O, Hakala T, Suomalainen J, et al. 2014. Fast and nondestructive method for leaf level chlorophyll estimation using hyperspectral LiDAR. Agricultural & Forest Meteorologys, 198-199: 250-258.

Niinemets U. 2007. Photosynthesis and resource distribution through plant canopies. Plant, Cell & Environment. 30(9): 1052-1071.

Richter T, Fukshansky L. 2010. Optics of a bifacial leaf: 1. A novel combined procedure for deriving the optical parameters. Photochemistry & Photobiology, 63: 507-516.

Su Y, Wu F, Ao Z, et al. 2019. Evaluating maize phenotype dynamics under drought stress using terrestrial LiDAR. Plant Methods, 15: 11.

Suits G H. 1971. The calculation of the directional reflectance of a vegetative canopy. Remote Sensing of Environment, 2: 117-125.

Verhoef W. 1984. Light scattering by leaf layers with application to canopy reflectance modeling: The SAIL Model. Remote Sensing of Environment, 16: 125-141.

Verrelst J, Malenovský Z, Tol C V D, et al. 2018. Quantifying vegetation biophysical variables from imaging spectroscopy data: a review on retrieval methods. Surveys in Geophysics, 251: 1-41.

Walter J D C, Edwards J, McDonald G, et al. 2019. Estimating biomass and canopy height with LiDAR for field crop breeding. Frontiers in Plant Science, 10: 1145.

Wang J H, Huang W J, Lao C L, et al. 2007. Inversion of winter wheat foliage vertical distribution based on canopy reflected spectrum by partial least squares regression method. Spectroscopy & Spectral Analysis, 27: 1319-1322.

Wang Q, Li P. 2013. Canopy vertical heterogeneity plays a critical role in reflectance simulation. Agricultural & Forest Meteorology, 169: 111-121.

Ye H, Huang W, Huang S, et al. 2018. Remote estimation of nitrogen vertical distribution by consideration of maize geometry characteristics. Remote Sensing, 10: 1995.

Zhao C, Li H, Li P, et al. 2016. Effect of vertical distribution of crop structure and biochemical parameters of winter wheat on canopy reflectance characteristics and spectral indices. IEEE Transactions on Geoscience & Remote Sensing, 55: 236-247.

Zhu X, Wang T, Darvishzadeh R, et al. 2015. 3D leaf water content mapping using terrestrial laser scanner backscatter intensity with radiometric correction. ISPRS Journal of Photogrammetry and Remote Sensing, 110: 14-23.

Zhu X, Wang T, Skidmore A K, et al. 2017. Canopy leaf water content estimated using terrestrial LiDAR. Agricultural and Forest Meteorology, 232: 152-162.

第7章　器官尺度的玉米植株表型参数提取

氮素参与植物光合作用、叶片呼吸、蒸腾等生理过程，是植物生长和粮食生产的重要营养元素（Berger et al.，2020；Chlingaryan et al.，2018；Wang et al.，2017）。植物生长是一个动态的氮素周转过程，而且与生长阶段和施肥条件等因素均有关联（Berger et al.，2020；Li et al.，2013）。深入研究氮素分配和运转的生理过程是提高氮素利用效率的前提，对育种研究和农业可持续发展具有重要意义（Hirel et al.，2007；Weymann et al.，2017），同时，探索这一过程也可以为氮肥管理提供进一步的指导，以实现作物产量的最大化（Gastal and Lemaire，2002；Weymann et al.，2017）。

在氮素缺乏的情况下，植物需要在其资源捕获能力和辐射利用效率之间进行权衡（Gastal et al.，2015；Lemaire et al.，2019，2008b；Vos et al.，2005）。资源捕获能力的下降通常表现为同化物向茎的分配增加，从而导致叶和茎生物量比例的降低；辐射利用效率的降低则是由叶片中氮素含量降低而造成的。此外，随着植物的生长，氮素浓度随着生物量的增加而逐渐降低，氮素含量的下降曲线（nitrogen dilution curve）由此形成，这一现象的形成主要包括两大方面的原因（Gastal et al.，2015；Lemaire et al.，2008a；Plénet and Lemaire，1999）：结构组织（如茎）和代谢组织（如叶）之间生物量的比值增加，以及与冠层内的光分布相对应的冠层叶片氮素含量的垂直分布。因此，在茎叶器官水平上分析氮素浓度和生物量变化，可以为不同生育期和施氮条件下氮素的分布提供理论基础。

被动光学数据尽管具有丰富的光谱探测通道，但由于缺乏空间信息而对器官尺度上的光谱探测和生物量提取能力有限。在提取作物生物量方面，以往研究已证实了LiDAR具有提取地上生物量（Ehlert et al.，2009；Jimenez-Berni et al.，2018；Tilly et al.，2014；Wang et al.，2016）和茎叶器官尺度上生物量（Jin et al.，2020；Li et al.，2020）的能力。高光谱激光雷达作为以上两种探测器的有效结合体，具有探测作物不同器官上生物量和生化参数的能力，因此可以分析氮素在茎叶器官上的传递转移规律，实现对作物器官尺度表型参数的分析。

7.1　分析方法

图7-1展示了基于高光谱激光雷达的玉米茎叶尺度上氮素监测的分析流程。在获取高光谱激光雷达原始的回波强度后，通过一系列数据预处理从构建的三维点云中手动分离出叶和茎两部分，基于偏最小二乘回归模型，将比值和归一化光谱指数作为模型的输入参数反演这两个器官的氮素含量。同时，基于点云提取的结构参数（即茎高和株高），进行玉米植株茎生物量和叶生物量的反演。从而基于茎叶反演的氮素含量和生物量，进一步分析在不同时期和不同施肥条件下，氮素分配的生理过程。

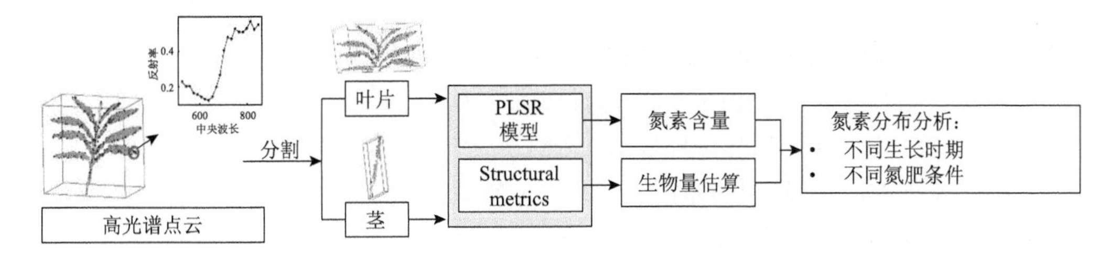

图 7-1　基于高光谱点云的氮分布分析流程图

点云的高精度是估算生物量的前提，因此，利用 CloudCompare 软件手工提取植物结构参数（株高和茎高），并与实测值进行比较，对高光谱激光雷达点云的空间信息进行精度验证。随后，利用简单的线性回归方法，建立了茎生物量与茎高的关系、叶生物量与株高的关系，以及植株总生物量与株高的关系。其中，植物总生物量被定义为叶干生物量和茎生物量之和。

氮素含量的估算分为两个步骤：首先，选择比值和归一化光谱指数（表 7-1）来提取对氮素含量敏感的光谱信息，因为在假设每个光谱波段都受到光学路径上相同因素干扰的前提下，这些指数可以部分消除激光回波强度中出现的一些混杂因素，如边缘效应和角度效应等。比值和归一化光谱指数的计算选取最接近原始公式所需波段的高光谱激光雷达光谱通道。其次，在一个基于 Python 的计算机程序中，使用 PLSR 方法（适用于小型多重共线性数据集）建立线性模型，将这些光谱指数和氮素含量联系起来。模型的验证通过留一法交叉验证进行，该验证方法通过剔除一个样本作为验证数据，其余样本每次作为训练数据，从而评估所构建模型的拟合度；这种交叉验证方法不浪费数据，而且适用于小数据集。本章利用验证结果计算出的最小均方根预测误差（RMSEP）来确定最优输入变量的个数。

表 7-1　植被指数

植被指数	公式	参考文献
SR	R_{750} / R_{710}	（Zarco-Tejada et al.，2001）
MSR[670，800]	$\frac{(R_{800} / R_{670})-1}{\sqrt{(R_{800} / R_{670})+1}}$	（Slater and Jackson，1982）
MSR[705，750]	$\frac{R_{750} / R_{705}-1}{\sqrt{R_{750} / R_{705}+1}}$	（Wu et al.，2008）
$\mathrm{CI}_{\text{red edge}}$	$R_{780} / R_{710}-1$	（Gitelson et al.，2003，2006）
$\mathrm{CI}_{\text{green}}$	$R_{780} / R_{550}-1$	（Gitelson et al.，2006）
NDRE	$(R_{790}-R_{720})/(R_{790}+R_{720})$	（Barnes et al.，2000）
NDVI [705，750]	$(R_{750}-R_{705})/(R_{750}+R_{705})$	（Gitelson and Merzlyak，1994）
NDVI[670，800]	$(R_{800}-R_{670})/(R_{800}+R_{670})$	（Rouse，1974）
OSAVI[670，800]	$\frac{(1+0.16)/(R_{800}-R_{670})}{R_{800}+R_{670}+0.16}$	（Rondeaux et al.，1996）
OSAVI[705，750]	$\frac{(1+0.16)/(R_{750}-R_{705})}{R_{750}+R_{705}+0.16}$	（Wu et al.，2008）

在氮素含量估算的第一生长阶段，根据测得的氮素浓度和高光谱激光雷达数据计算的光谱指数，将叶和茎的所有数据对组合起来构建反演模型，而在玉米生长的第二阶段，由于叶和茎的生化成分随着生长期间的变化逐渐产生差异，因此在这一时期，对茎和叶

的数据集分别构建 PLSR 模型。其中，整株玉米的氮素含量计算如下：

$$N_{\text{plant}} = \frac{(W_{\text{leaf}} \cdot N_{\text{leaf}} + W_{\text{stem}} \cdot N_{\text{stem}})}{W_{\text{leaf}} + W_{\text{stem}}} \tag{7.1}$$

式中，N_{plant} 为整株玉米的氮素含量；N_{leaf} 和 N_{stem} 分别为叶和茎的氮素浓度；W_{leaf} 和 W_{stem} 分别为叶和茎的干重。

7.2 茎和叶生物量反演

缺氮玉米和健康玉米在两个生长阶段的干物质重量实测值如图 7-2 所示，玉米的茎干重（0.334～9.416g）和叶干重（0.936～10.301g）均有比较广的变化范围。与缺氮玉米和第一生长时期的玉米相比，健康玉米和第二生长期玉米表现出更高的值和更大的变化范围。

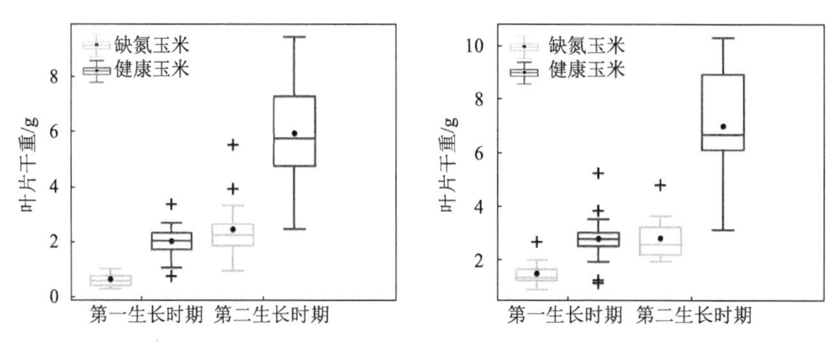

图 7-2 第一生长时期和第二生长时期中缺氮玉米和健康玉米的茎和叶干物质量的实测值分布统计

从高光谱激光雷达点云中提取的结构参数（即茎高和株高）与其测量值之间表现出很强的正相关关系（图 7-3，茎的 R^2 为 0.98，RMSE 为 1.84cm；株的 R^2 为 0.99，RMSE 为 2.37cm），证实了基于高光谱激光雷达全波形数据提取的玉米三维点云具有很高的精度，可以用来进行后续生物量反演。本章将提取的植物结构参数（茎高、株高）与实测生物量值进行拟合，如图 7-4 所示，玉米茎干重与茎高之间表现出显著的相关关系（$P<0.01$，缺氮玉米和健康玉米 R^2 分别为 0.82 和 0.87），叶片干重、植株总干质量均与株高高度相关（$R^2 \geqslant 0.75$）。

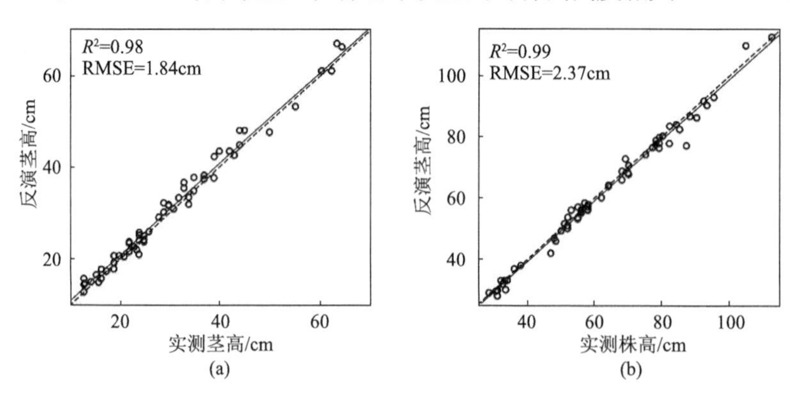

图 7-3 所有实验玉米植株（n=60）茎高（a）和株高（b）的实测值和提取的结构参数的关系 $\text{CI}_{\text{red edge}}$ 值
横轴为实测结构参数，纵轴为估算结构参数

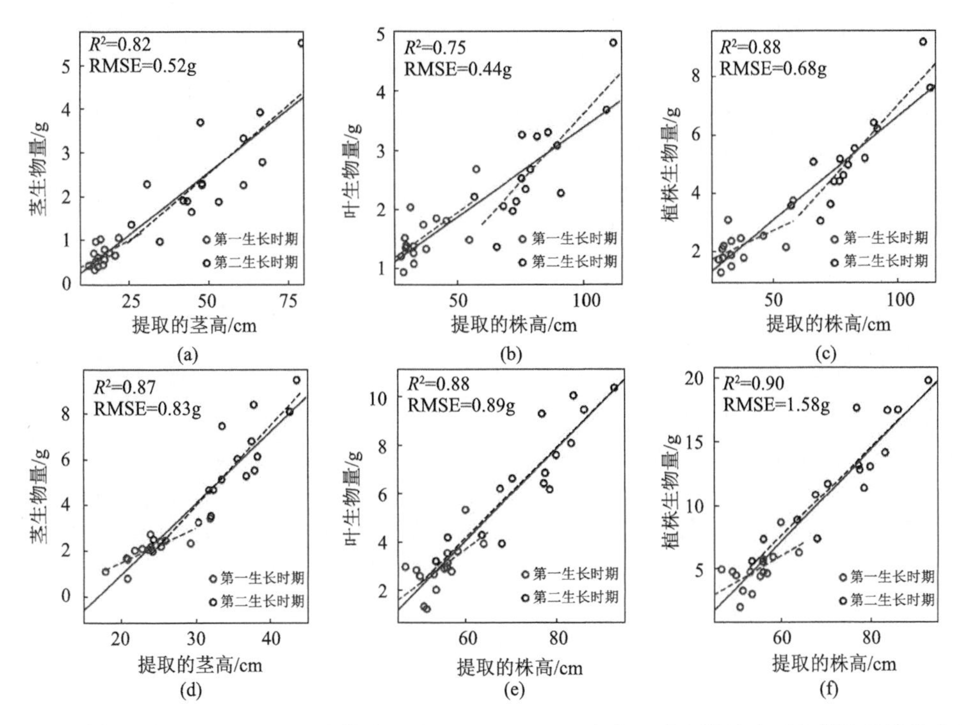

图 7-4　缺氮玉米[（a）～（c）]和健康玉米[（d）～（f）]在茎、叶和植株水平上提取的结构参数（茎高和株高）与实测生物量（干重）的关系

横轴为结构参数，纵轴为生物量

相比于玉米第一个生长时期，第二生长时期的生物量和结构参数之间具有更优的拟合效果（$R^2 \geqslant 0.61$，RMSE≤1.73g）。其中，最差的拟合关系（R^2=0.20）出现在缺氮玉米第一生长时期的茎生物量与茎高之间[图 7-4（a）]，这是因为该数据集中茎生物量变化范围比较小，因此即使很小的误差也会导致 R^2 的变化。由于生物量是一个可以用结构参数来解释的三维物理量，因此将第一阶段和第二阶段的数据结合起来用于构建茎或叶的生物量预测模型都取得了比较好的拟合效果。

缺氮玉米与健康玉米的拟合线不一致，这主要是由于玉米植株的生物量不仅与高度有关，还与植物的其他表型参数（植株体积、冠层覆盖度等）密切相关（Eitel et al.，2014b；Jin et al.，2020）。因此，单独利用茎高或株高来进行生物量的反演会导致缺氮玉米和健康玉米两个数据集间的拟合模型无法通用。在研究中未提取其他结构参数，这是由于在高光谱激光雷达数据采集过程中玉米盆栽倾斜放置，导致三维点云中其他参数的提取值与玉米正常生长状态下的真实值有差异。

7.3　茎和叶氮素含量反演

实际测量的氮素含量在两个生长阶段和不同施肥条件下表现出很大差异，茎和叶氮素变化范围分别为 0.662～6.83mg/g 和 2.15～4.96mg/g（图 7-5）。与第一生长时期相比，第二生长时期内叶和茎的氮素含量都有所下降，且健康玉米的氮素含量整体高于缺氮玉米。由于部分植株的生长速率异常，因此盒状图中出现了一些异常值。

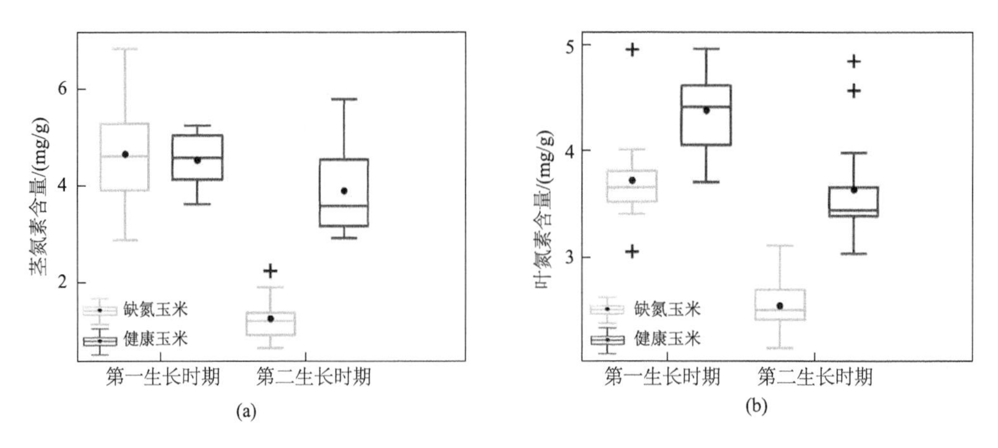

图 7-5 第一生长时期和第二生长时期中缺氮玉米和健康玉米的茎（a）和叶（b）氮素含量的实测值分布统计

光谱指数作为 PLSR 模型的输入参数，其计算是氮素含量反演的重要步骤。然而，不同生长时期和不同器官中数据的差异使得无法利用全部数据对进行模型构建。以 $CI_{red\ edge}$ 指数为例，将第一生长时期茎和叶的数据进行融合，缺氮玉米[图 7-6（a），R^2=0.76，RMSE=0.44mg/g]和健康玉米[图 7-6（b），R^2=0.62，RMSE=0.28mg/g]的指数值均与氮素含量呈显著正相关。然而，第二生长时期的叶和茎数据无法进行融合建模，这可能是由于随着植物生长，茎和叶的生化成分逐渐改变。因此，对于缺氮和健康玉米两个对照组，在第一生长时期将茎叶的数据结合起来构建 PLSR 模型，而在第二生长时期，对茎和叶分别构建其预测模型，共建立了六个 PLSR 模型用于实验数据集氮素含量的反演。

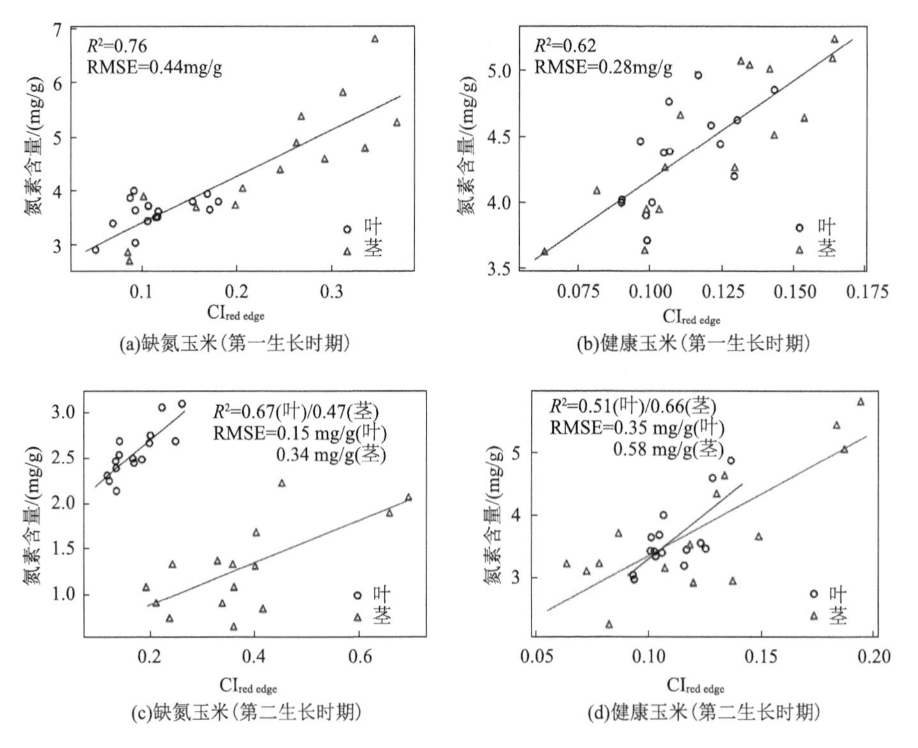

图 7-6 缺氮玉米和健康玉米两个生长期 $CI_{red\ edge}$ 与氮素含量的关系

通过将构建的 PLSR 模型的系数应用于光谱指数来进行氮素含量预测。在第一生长时期，缺氮玉米和健康玉米的实测值和反演值之间具有显著相关性，R^2 分别为 0.84 和 0.79，RMSE 分别为 0.36mg/g 和 0.20mg/g（图 7-7）。在第二生长时期，叶和茎反演模型的差异明显，R^2 值在 0.71～0.91。根据茎叶器官上反演得到的氮素含量值与其对应的生物量，利用式（7.1）计算可得整颗玉米植株的氮素含量。

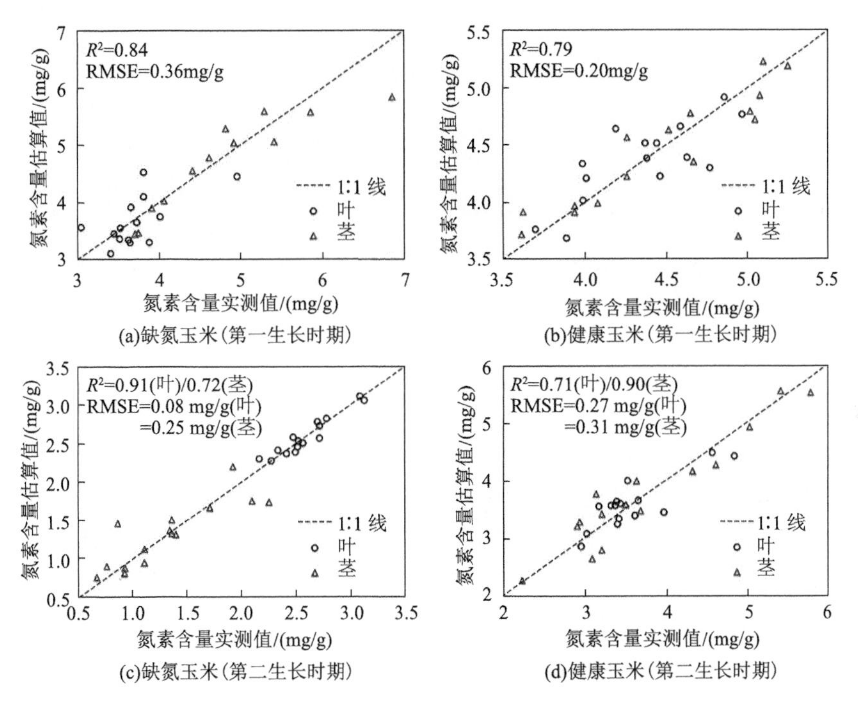

图 7-7　PLSR 回归模型的验证

相比于被动高光谱影像，茎和叶器官尺度上构建的 PLSR 模型反演精度要低很多。一方面是由于高光谱激光雷达数据集同时包含目标物结构信息和光谱信息，数据处理要比其他数据复杂，导致构建的目标物三维光谱点云中包含了一些噪声。另一方面，高光谱激光雷达目标是原型设备，其各光谱通道的信噪比有差异，对植被光谱信号的探测能力目前要弱于商业化的光谱仪。

7.4　氮素和生物量在茎叶上的动态变化

植被干物质重量分配、氮素含量在茎叶器官上的变化与生长时期和施氮条件密切相关，这揭示了氮素的分配和运转机制。由于高光谱激光雷达对玉米叶和茎的生物量和氮素含量均有比较高的估计能力，因此可以利用高光谱激光雷达数据进一步分析玉米氮素的分布规律。

与施氮肥的健康玉米相比[图 7-8（b），R^2=0.51，RMSE=0.41mg/g]，缺氮玉米的叶和茎的氮素含量之间具有更密切的线性拟合关系[图 7-8（a），R^2=0.88，RMSE=0.19 mg/g]。对于缺氮的玉米植株，其第一生长时期内的大多数点低于 1∶1 直线，这表明叶比茎含有更低的氮素浓度；随着生长时期的增加，茎和叶的氮素含量均呈下降趋势，其中茎的氮素含量下降幅度显著大于叶的下降程度，最终导致在第二生长时期中茎的氮素浓度低于叶的氮素浓度。与缺氮玉米植株不同，氮肥充足的玉米植株尽管在第二生长时期内叶和茎的氮浓度都有所下降，但茎和叶的氮的下降速度在各生育期之间没有显著变化。

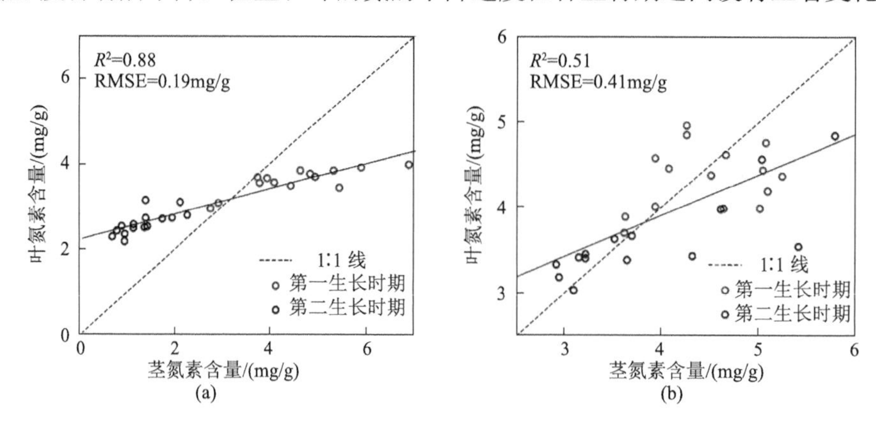

图 7-8 缺氮玉米（a）和健康玉米（b）两个生长时期内茎和叶氮素含量的拟合关系

叶和茎的生长速率遵循异速生长关系，即利用对数函数变换后呈现明显的拟合关系（图 7-9）。缺氮玉米和健康玉米的高 R^2 值（分别为 0.91 和 0.60）和低 RMSE 值（分别为 0.22g 和 0.47g）表明叶和茎的生物量存在较强的正相关关系。与第一生长时期相比，叶和茎的干重在第二生长时期显著增加，其中，缺氮玉米茎和叶生物量均低于健康玉米，表明不施氮肥的玉米生长速度较慢。从拟合直线的斜率（缺氮玉米拟合线的斜率为 1.90，健康玉米拟合线的斜率为 1.08）中可以看出，在缺氮条件下，玉米植株的干物质分配到茎中的比例比在氮充足条件下的比例要大。

作物缺氮时需要在资源利用率和资源获取能力之间进行选择，对于玉米保留其资源获取能力而牺牲其资源利用效率。这意味着在玉米缺氮时，玉米叶片的氮素含量会减少，但其 LAI 的下降速度和生物量的下降速度成正比导致茎和叶的生物量比例几乎不变（Gastal et al.，2015；Lemaire et al.，2007，2008b）。然而，作者观察在缺氮状况下，茎的干重占比明显增加，这可能是实验数据采集过长和玉米盆栽的长距离运输导致玉米的生长状况产生变化。作者观察到了作物的生长机理“氮素消减曲线”，即氮素含量随生物量的积累呈下降趋势，在缺氮状况下这种趋势尤为明显，同以往的理论完全相符（Zhao et al.，2017）。

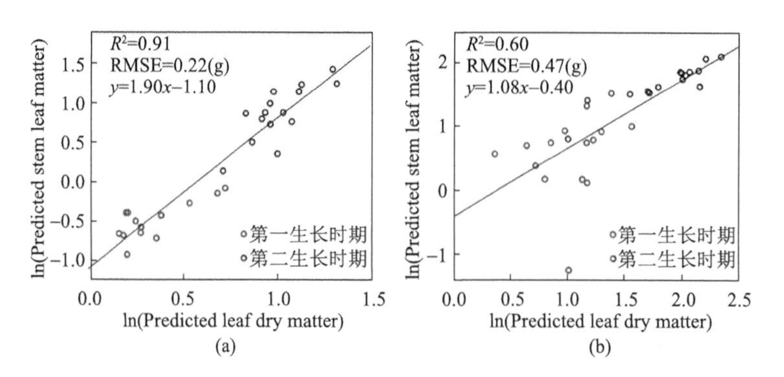

图 7-9 缺氮玉米（a）和健康玉米（b）在两个生长时期内茎和叶生物量的关系

x 轴为 ln 函数变换后的叶生物量，y 轴为 ln 函数变换后的茎生物量

7.5 氮素含量随着生物量的变化规律

植株氮素含量随着生物量积累量的增加而呈下降趋势，形成植被的“氮素下降曲线”。为了量化玉米氮素含量和生物量之间的关系，分别在叶、茎和植株三个不同层次上利用对数函数构建二者之间的关系。尽管散点图中出现了几个异常点（图 7-10），但氮素含量和生物量之间仍呈现出明显的变化规律。基于缺氮玉米植株数据拟合的曲线斜率（斜率>1.40）显著大于健康玉米，这表明当玉米植株处于氮肥不足情况下时，无论是在植株水平上还是在茎叶器官水平上，氮素浓度随着生物量的下降要比健康玉米更快。此外，缺氮玉米茎的氮素含量随生物量积累的下降速度比叶的要快，而健康玉米植株茎与叶的拟合曲线间的差异要远低于缺氮玉米。玉米茎、叶、植株水平上氮素与生物量的拟合曲线不一致，这可以用作物对缺氮的响应是基于器官尺度的这一理论来解释（Gastal et al.，2015；Weymann et al.，2017）。

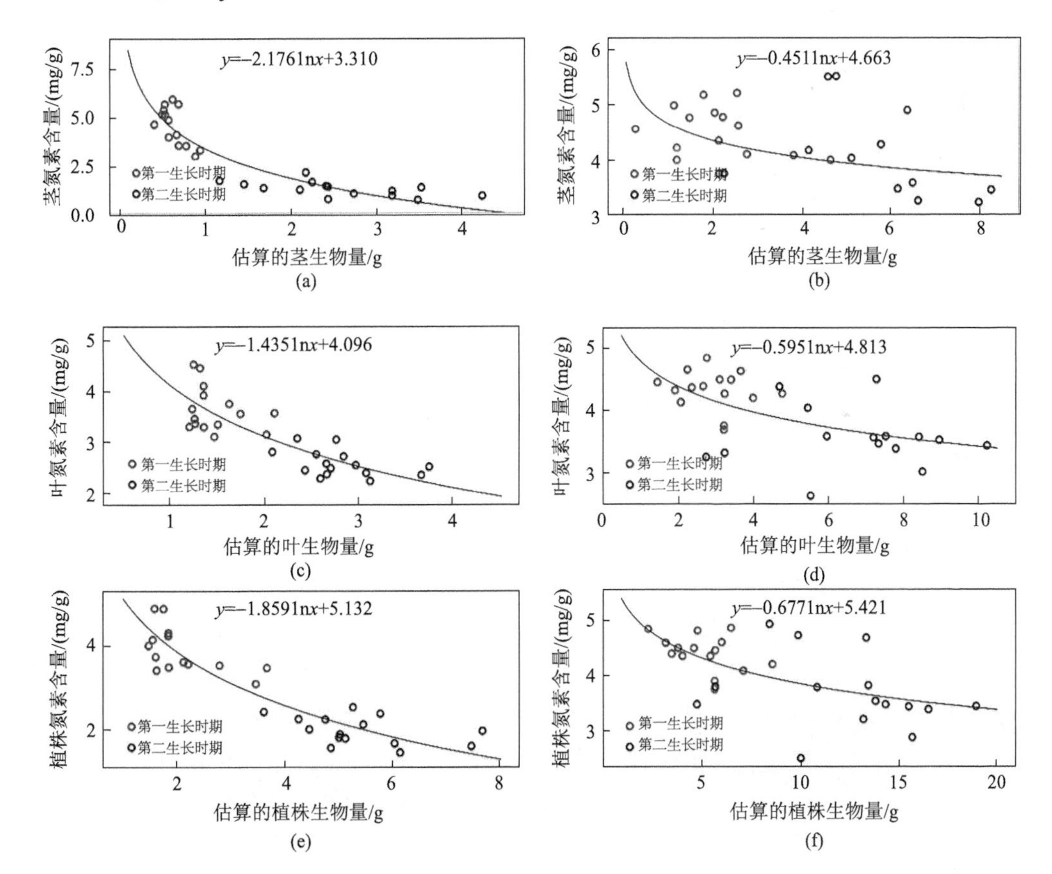

图 7-10　缺氮玉米[（a）、（c）、（e）]和健康玉米[（b）、（d）、（f）]在两个生长时期内茎和叶、植株生物量的对数关系（彩图请扫封底二维码查看）

以四株玉米植株为例展示了氮素含量在空间上的分布，可以看出，任意三维位置的氮素浓度和结构参数都可以用三维点云的形式直观地显示出来（图 7-11）。对于在第一生长时期的缺氮的玉米植株，其叶片的氮浓度明显低于茎部的氮浓度[图 7.11（a）]，这与第二生长时期的缺氮玉米植株相反[图 7-11（c）]。除氮素含量外，玉米植株的结构参数也可以显示出来。例如，第二生长时期的两株玉米植株明显比第一生长时期的两株植株具有更高的高度和更多的叶片。视觉空间上的信息可以对定量化的统计数据进行补充，有助于更加深入地了解氮素的分布机制。

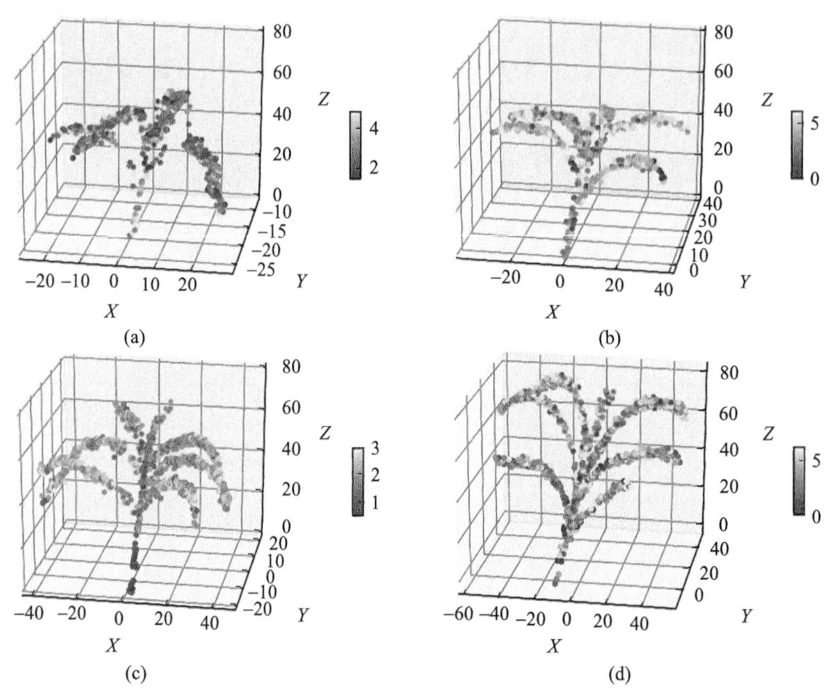

图 7-11　缺氮玉米[（a）和（c）]和健康玉米[（b）和（d）]第一生长时期和第二生长时期氮浓度的三维分布（单位：mg/g）（彩图请扫封底二维码查看）

X、*Y* 和 *Z* 表示每个点相对于高光谱激光雷达扫描原点的位置；*X*、*Y* 和 *Z* 的单位是 cm

7.6　本 章 小 结

本章介绍了高光谱激光雷达在器官尺度上的理化参数反演。为反演茎和叶器官尺度的氮素含量，首先利用光谱信息计算比值和归一化植被指数，然后将这些指数作为输入参数构建 PLSR 反演模型；茎和叶的生物量估算则利用从三维点云提取的玉米株高和茎高构建线性拟合模型。基于反演得到的茎和叶器官尺度上氮素含量和生物量，成功分析了在不同时期、不同施肥条件下，叶和茎中氮素含量和生物量的分配和变化。探测到在玉米植株缺氮时，更多的生物量被分配到了茎中，氮素含量呈下降趋势，且茎的氮素含量下降速度要快于叶。

作物的氮素分布规律与碳和氮在各器官上的分配密切相关，因此本章进一步分析了在茎、叶、植株尺度下氮素含量随生物量的变化趋势，结果表明氮素含量和生物量之间呈明显的“氮素下降曲线”，且缺氮玉米茎、叶、植株下的拟合曲线其斜率均明显大于健康玉米。

本章显示出高光谱激光雷达可以利用构建的三维光谱点云在器官尺度上同时提取

目标植被的生化组分和结构参数，从而实现对植株氮素分布机理的观测和分析。相比传统遥感探测器，高光谱激光雷达可以简单高效地实现对植株器官的生理生化参数一体化提取，具有在器官尺度上提取植物精细表型和监测作物生长规律的巨大潜力。

参考文献

程乾, 黄敬峰, 王人潮, 唐延林. 2004. MODIS 植被指数与水稻叶面积指数及叶片叶绿素含量相关性研究. 应用生态学报, 15(8), 1363-1367.

崔永, 刘辉, 陆素娟, 等.2009. 云南省红河州石漠化治理树种叶的结构研究. 湖南林业科技, 36(3): 11-13.

高帅, 牛铮, 孙刚, 等. 2018. 高光谱激光雷达提取植被生化组分垂直分布. 遥感学报, : 737-744.

龚威, 史硕, 陈必武, 等.2021. 对地观测高光谱激光雷达发展及展望. 遥感学报, 25(1): 501-513.

郭庆华, 刘瑾, 陶胜利, 等.2014. 激光雷达在森林生态系统监测模拟中的应用现状与展望. 科学通报, (6): 20.

姜在民, 贺学礼. 2009. 植物学. 咸阳: 西北农林科技大学出版社.

李旺, 牛铮, 王成, 等. 2015. 机载 LiDAR 数据估算样地和单木尺度森林地上生物量. 遥感学报, 19(4): 669-679.

李先源. 2007. 观赏植物学. 重庆: 西南师范大学出版社.

李小文, 王锦地. 1995. 植被光学遥感模型与植被结构参数化. 北京: 科学出版社.

马鹏阁. 2017. 多脉冲激光雷达. 北京: 国防工业出版社.

牛铮. 1997. 植被二向反射特性研究新进展. 遥感技术与应用, 12(3): 50-58.

牛铮, 陈永华, 隋洪智, 等. 2000. 叶片化学组分成像光谱遥感探测机理分析. 遥感学报, (2): 125-130.

牛铮, 王长耀. 2008. 碳循环遥感基础与应用. 北京: 科学出版社.

王纪华, 黄文江, 赵春江, 等, 2003. 利用光谱反射率估算叶片生化组分和籽粒品质指标研究. 遥感学报, (4): 277-284.

张小红. 2007. 机载激光雷达测量技术理论与方法. 武汉: 武汉大学出版社.

邹支龙. 2019. 叶的形态、结构、功能及其适应性特征例析. 生物学教学, 44(3): 69-70.

Alexander C, Tansey K, Kaduk J, et al. 2010. Backscatter coefficient as an attribute for the classification of full-waveform airborne laser scanning data in urban areas. ISPRS Journal of Photogrammetry and Remote Sensing, 65 (5):423-432.

Ali A M, Darvishzadeh R, Skidmore A K, et al. 2016. Estimating leaf functional traits by inversion of PROSPECT: Assessing leaf dry matter content and specific leaf area in mixed mountainous forest. International Journal of Applied Earth Observation and Geoinformation, 45: 66-76.

Atzberger C, Darvishzadeh R, Immitzer M, et al. 2015. Comparative analysis of different retrieval methods for mapping grassland leaf area index using airborne imaging spectroscopy. International Journal of Applied Earth Observation & Geoinformation, 43:19-31.

Bai J, Gao S, Niu Z, et al. 2021. A novel algorithm for leaf incidence angle effect correction of hyperspectral LiDAR. IEEE Transactions on Geoscience and Remote Sensing, 60:1-9.

Barnes E M, Clarke T R, Richards S E, et al. 2000. Coincident detection of crop water stress, nitrogen status and canopy density using ground-based multispectral data. International Conference on Precision

Agriculture and Other Resource Management July 16-19, Bloomington, Mn USA.

Barton C, North P. 2001. Remote sensing of canopy light use efficiency using the photochemical reflectance index: Model and sensitivity analysis. Remote Sensing of Environment, 78(3): 264-273.

Beckmann P, Spizzichino A. 1987. The Scattering of Electromagnetic Waves from Rough Surfaces. New York: Pergamon.

Behmann J, Mahlein A K, Paulus S. et al. 2015. Calibration of hyperspectral close-range pushbroom cameras for plant phenotyping. ISPRS Journal of Photogrammetry and Remote Sensing, 106: 172-182.

Berger K, Verrelst J, Féret J B, et al. 2020. Crop nitrogen monitoring: Recent progress and principal developments in the context of imaging spectroscopy missions. Remote Sensing Environment, 242: 111758.

Bi K. 2020. Simultaneous extraction of plant 3-D biochemical and structural parameters using hyperspectral LiDAR. IEEE Geoscience and Remote Sensing Letters, (99): 1-5.

Bi K, Xiao S, Gao S, et al. 2020. Estimating vertical chlorophyll concentrations in maize in different health states using hyperspectral LiDAR. IEEE Transactions on Geoscience and Remote Sensing, 58 (11), 8125-8133.

Bratsch S, Epstein H, Buchhorn M, et al. 2017. Relationships between hyperspectral data and components of vegetation biomass in Low Arctic tundra communities at Ivotuk, Alaska. Environmental Research Letters, 12(2): 025003.

Calders K, Newnham G, Burt A, et al. 2014. Nondestructive estimates of above - ground biomass using terrestrial laser scanning. Methods in Ecology and Evolution, 6(2): 198-208.

Calders K, Adams J, Armston J, et al. 2020. Terrestrial laser scanning in forest ecology: Expanding the horizon. Remote Sensing of Environment, 251: 112102.

Chang T G, Zhao H, Wang N, et al. 2019. A three-dimensional canopy photosynthesis model in rice with a complete description of the canopy architecture, leaf physiology, and mechanical properties. J Exp Bot, 70(9): 2479-2490.

Chen B. 2020. Using HSI color space to improve the multispectral LiDAR classification error caused by measurement geometry. Ieee Transactions on Geoscience and Remote Sensing, 59(4): 3567-3579.

Chen B, Shi S, Wei G, et al. 2017. Multispectral LiDAR point cloud classification: A two-step approach. Remote Sensing, 9(4): 373.

Chen J M. 1996. Evaluation of vegetation indices and a modified simple ratio for boreal applications. Canadian Journal of Remote Sensing, 22(3): 229-242.

Chen J M, Pavlic G, Brown L, et al. 2002. Derivation and validation of Canada-wide coarse-resolution leaf area index maps using high-resolution satellite imagery and ground measurements. Remote Sensing of Environment. 80(1): 165-184.

Chen Y, Esa R, Sanna K, et al. 2010. Two-channel hyperspectral LiDAR with a supercontinuum laser Source. Sensors, 10(7): 7057-7066.

Chen Y, Jiang C, Hyyppä J, et al. 2018. Feasibility study of ore classification using active hyperspectral LiDAR. IEEE Geoscience & Remote Sensing Letters, (99): 1-5.

Chen Y, Li W, Hyypp J, et al. 2019. A 10-nm spectral resolution hyperspectral LiDAR system based on an acousto-optic tunable filter. Sensors, 19(7): 1620.

Cheng T, Song R, Li D, et al. 2017. Spectroscopic estimation of biomass in canopy components of paddy rice using dry matter and chlorophyll indices. Remote Sensing, 9 (4): 319.

Chlingaryan A, Sukkarieh S, Whelan B. 2018. Machine learning approaches for crop yield prediction and nitrogen status estimation in precision agriculture: A review. Computers and Electronics in Agriculture, 151: 61-69.

Ciganda V S, Gitelson A A, Schepers J. 2012. How deep does a remote sensor sense? Expression of chlorophyll content in a maize canopy. Remote Sensing Environment, 126: 240-247.

Clevers J G P W, Kooistra L. 2012. Using hyperspectral remote sensing data for retrieving canopy chlorophyll and nitrogen content. IEEE Journal of Selected Topics in Applied Earth Observations & Remote Sensing, 5 (2): 574-583.

Coren F, Sterzai P. 2006. Radiometric correction in laser scanning. International Journal of Remote Sensing, 27 (15): 3097-3104.

Curran P J. 1989. Remote sensing of foliar chemistry. Remote Sensing of Environment, 30 (3): 271-278.

Dash J, Curran P J. 2004. The MERIS terrestrial chlorophyll index. International Journal of Remote Sensing, 25(23): 5403-5413.

Dawson T P, Curran P J, Plummer S E. 1998. LIBERTY—modeling the effects of leaf biochemical concentration on reflectance spectra. Remote Sensing of Environment, 65(1): 50-60.

Delegido J, Verrelst J, Meza C M, et al. 2013. A red-edge spectral index for remote sensing estimation of green LAI over agroecosystems. European Journal of Agronomy, 46: 42-52.

Du L, Gong W, Shi S, et al. 2016. Estimation of rice leaf nitrogen contents based on hyperspectral LiDAR. International Journal of Applied Earth Observation & Geoinformation, 44: 136-143.

Du L, Zhili J, Chen B, et al. 2021. Application of hyperspectral LiDAR on 3D chlorophyll-nitrogen mapping of *Rohdea japonica* in laboratory. IEEE Journal of Selected Topics in Applied Earth Observations and Remote Sensing: 1.

Duan S B, Li Z L, Wu H, et al. 2014. Inversion of the PROSAIL model to estimate leaf area index of maize, potato, and sunflower fields from unmanned aerial vehicle hyperspectral data. International Journal of Applied Earth Observation and Geoinformation, 26: 12-20.

Dudley J M, Genty G, Coen S. 2006. Supercontinuum generation in photonic crystal fiber. Reviews of Modern Physics, 78 (4): 1135-1184.

Ehlert D, Adamek R, Horn H J. 2009. Laser rangefinder-based measuring of crop biomass under field conditions. Precision Agriculture, 10(5): 395-408.

Eitel J U H, Vierling L A, Long D S. 2010b. Simultaneous measurements of plant structure and chlorophyll content in broadleaf saplings with a terrestrial laser scanner. Remote Sensing of Environment, 114(10): 2229-2237.

Eitel J U H, Vierling L A, Long D S, et al. 2011. Early season remote sensing of wheat nitrogen status using a green scanning laser. Agricultural and Forest Meteorology, 151(10): 1338-1345.

Eitel J U, Vierling L A, Long D S. 2010a. Simultaneous measurements of plant structure and chlorophyll content in broadleaf saplings with a terrestrial laser scanner. Remote Sensing of Environment, 114(10): 2229-2237.

Eitel J U, Magney T S, Vierling L A, et al. 2014a. Assessment of crop foliar nitrogen using a novel dual-wavelength laser system and implications for conducting laser-based plant physiology. ISPRS Journal of Photogrammetry and Remote Sensing, 97: 229-240.

Eitel J U H, Magney T S, Vierling L A, et al. 2014b. LiDAR based biomass and crop nitrogen estimates for rapid, non-destructive assessment of wheat nitrogen status. Field Crops Research, 159: 21-32.

Eitel J U H, Magney T S, Vierling L A, et al. 2014c. Assessment of crop foliar nitrogen using a novel dual-wavelength laser system and implications for conducting laser-based plant physiology. ISPRS Journal of Photogrammetry and Remote Sensing, 97: 229-240.

Eitel J U H, Magney T S, Vierling L A, et al. 2016. An automated method to quantify crop height and calibrate satellite-derived biomass using hypertemporal LiDAR. Remote Sensing of Environment, 187: 414-422.

Elnashef B, Filin S, Ran N L. 2019. Tensor-based classification and segmentation of three-dimensional point clouds for organ-level plant phenotyping and growth analysis. Computers and Electronics in Agriculture, 156: 51-61.

Fei Y, Jiulin S, Hongliang F, et al. 2012. Comparison of different methods for corn LAI estimation over northeastern China. International Journal of Applied Earth Observation and Geoinformation, 18: 462-471.

Feret J B, François C, Asner G P, et al. 2015. PROSPECT-4 and 5: Advances in the leaf optical properties model separating photosynthetic pigments. Remote Sensing of Environment, 112(6): 3030-3043.

Filella I, Serrano L, Serra J, et al. 1995. Evaluating wheat nitrogen status with canopy reflectance indices and discriminant analysis. Crop Science, 35(5): 1400-1405.

Gamon J A, Peñuelas J, Field C B. 1992. A narrow-waveband spectral index that tracks diurnal changes in photosynthetic efficiency. Remote Sensing Environment, 41(1): 35-44.

Gao S, Niu Z, Sun G, et al. 2015. Height extraction of maize using airborne full-waveform LiDAR data and a deconvolution algorithm. IEEE Geoscience and Remote Sensing Letters, 12 (9): 1978-1982.

Gao S, Niu Z, Sun G, et al. 2016. Extraction of the vertical distribution of biochemical parameters using hyperspectral LiDAR. 2016 IEEE International Geoscience and Remote Sensing Symposium: 1761-1764.

Gastal F, Lemaire G. 2002. N uptake and distribution in crops: An agronomical and ecophysiological perspective. Journal of Experimental Botany, 53(370): 789-799.

Gastal F, Lemaire G, Durand J L, et al. 2015. Quantifying crop responses to nitrogen and avenues to improve nitrogen-use efficiency. Crop Physiology. Lusignan: Institut National de la Recherche Agronomique (INRA): 161-206.

Gastellu-Etchegorry J P, Demarez V, Bruniquel V, et al. 1996. Modeling Radiative Transfer in heterogeneous 3-D vegetation canopies. Remote Sensing of Environment: 131-156.

Gaulton R, Danson F M, Ramirez F A, et al. 2013. The potential of dual-wavelength laser scanning for estimating vegetation moisture content. Remote Sensing Environment, 132(6): 32-39.

Gewali U B, Monteiro S T, Saber E S. 2018. Machine learning based hyperspectral image analysis: A survey. ArXiv, abs/1802.08701.

Gitelson A, Merzlyak M N. 1994. Spectral reflectance changes associated with autumn senescence of *Aesculus hippocastanum* L. and *Acer platanoides* L. leaves. spectral features and relation to chlorophyll estimation. Journal of Plant Physiology, 143(3): 286-292.

Gitelson A A, Gritz Y, Merzlyak M N. 2003. Relationships between leaf chlorophyll content and spectral reflectance and algorithms for non-destructive chlorophyll assessment in higher plant leaves. Journal of Plant Physiology, 160(3): 271-282.

Gitelson A A, Keydan G P, Merzlyak M N. 2006. Three-band model for noninvasive estimation of chlorophyll, carotenoids, and anthocyanin contents in higher plant leaves. Geophysical Research Letters,

33(11): L11402(1-5).

Gong W, Song S, Zhu B, et al. 2012. Multi-wavelength canopy LiDAR for remote sensing of vegetation: Design and system performance. Isprs Journal of Photogrammetry & Remote Sensing, 69(3): 1-9.

Gould K, Davies K M, Winefield C. 2008. Anthocyanins: Biosynthesis, Functions, and Applications. Berlin: Springer Science & Business Media.

Govaerts Y M, Jacquemoud S, Verstraete M M, et al. 1996. Three-dimensional radiation transfer modeling in a dicotyledon leaf. Applied Optics, 35(33): 6585-6598.

Hakala T, Suomalainen J, Kaasalainen S, et al. 2012. Full waveform hyperspectral LiDAR for terrestrial laser scanning. Optics Express, 20(7): 7119-7127.

Hakala T, Nevalainen O, Kaasalainen S, et al. 2015. Technical note: Multispectral LiDAR time series of pine canopy chlorophyll content. Biogeosciences, 12(5): 1629-1634.

Hancock S, Armston J, Li Z, et al. 2015. Waveform LiDAR over vegetation: An evaluation of inversion methods for estimating return energy. Remote Sensing of Environment, 164: 208-224.

Hapke B. 2012. Theory of Reflectance and Emittance Spectroscopy. Cambridge, U.K: Cambridge University Press.

Hasegawa H. 2006. Evaluations of LiDAR reflectance amplitude sensitivity towards land cover conditions. Bulletin of the Geographical Survey Institute, 53(6): 43-50.

Hatfield J L, Gitelson A A, Schepers J S, et al. 2008. Application of spectral remote sensing for agronomic decisions. Agronomy Journal, 100(3): S-117-S-131.

He L, Song X, Feng W, et al. 2016. Improved remote sensing of leaf nitrogen concentration in winter wheat using multi-angular hyperspectral data. Remote Sensing Environment, 174: 122-133.

Heiskanen J, Rautiainen M, Stenberg P, et al. 2013. Sensitivity of narrowband vegetation indices to boreal forest LAI, reflectance seasonality and species composition. ISPRS Journal of Photogrammetry and Remote Sensing, 78: 1-14.

Hirel B, Le Gouis J, Ney B, et al. 2007. The challenge of improving nitrogen use efficiency in crop plants: Towards a more central role for genetic variability and quantitative genetics within integrated approaches. Journal of Experimental Botany, 58(9): 2369-2387.

HÖfle B. 2014. Radiometric correction of terrestrial LiDAR point cloud data for individual maize plant detection. IEEE Geoscience & Remote Sensing Letters, 11(1): 94-98.

Höfle B, Pfeifer N. 2007. Correction of laser scanning intensity data: Data and model-driven approaches. Isprs Journal of Photogrammetry & Remote Sensing, 62(6): 433.

Hopkinson C, Lovell J, Chasmer L, et al. 2013. Integrating terrestrial and airborne LiDAR to calibrate a 3D canopy model of effective leaf area index. Remote Sensing of Environment, 136: 301-314.

Hosoi F, Omasa K. 2009. Estimating vertical plant area density profile and growth parameters of a wheat canopy at different growth stages using three-dimensional portable LiDAR imaging. Isprs Journal of Photogrammetry & Remote Sensing, 64(2): 151-158.

Houles V, Guerif M, Mary B. 2007. Elaboration of a nitrogen nutrition indicator for winter wheat based on leaf area index and chlorophyll content for making nitrogen recommendations. European Journal of Agronomy, 27(1): 1-11.

Hu P, Huang H, Chen Y, et al. 2020. Analyzing the angle effect of leaf reflectance measured by indoor hyperspectral light detection and ranging (LiDAR). Remote Sensing, 12(6): 919.

Huang W, Wang Z, Huang L, et al. 2011. Estimation of vertical distribution of chlorophyll concentration by bi-directional canopy reflectance spectra in winter wheat. Precision Agriculture, 12 (2): 165-178.

Huang Y, Tian Q, Wang L, et al. 2014. Estimating canopy leaf area index in the late stages of wheat growth using continuous wavelet transform. Journal of Applied Remote Sensing, 8(1): 083517.

Jensen J R. 2009. Remote sensing of the environment: An earth resource perspective 2/e. Pearson Education India.

Jensen R R, Hardin P J, Hardin A J. 2012. Estimating urban leaf area index (LAI) of individual trees with hyperspectral data. Photogrammetric Engineering & Remote Sensing, 78(5): 495-504.

Jimenez-Berni J A, Deery D M, Rozas-Larraondo P, et al. 2018. High throughput determination of plant height, ground cover, and above-ground biomass in wheat with LiDAR. Frontiers in Plant Science, 9: 237.

Jin S, Su Y, Wu F, et al. 2018. Stem-leaf segmentation and phenotypic trait extraction of individual maize using terrestrial LiDAR data. IEEE Transactions on Geoscience and Remote Sensing, (99): 1-11.

Jin S, Su Y, Song S, et al. 2020. Non-destructive estimation of field maize biomass using terrestrial LiDAR: An evaluation from plot level to individual leaf level. Plant Methods, 16: 69.

Jin S, Sun X, Wu F, et al. 2021. Lidar sheds new light on plant phenomics for plant breeding and management: Recent advances and future PROSPECTS. ISPRS Journal of Photogrammetry and Remote Sensing, 171: 202-223.

Juan R, Jochem V, Ganna L, et al. 2013. Multiple cost functions and regularization options for improved retrieval of leaf chlorophyll content and LAI through inversion of the PROSAIL model. Remote Sensing, 5(7): 3280-3304.

Junttila S, Kaasalainen S, Vastaranta M, et al. 2015. Investigating Bi-temporal hyperspectral LiDAR measurements from declined trees—experiences from laboratory test. Remote Sensing, 7(10): 13863-13877.

Jupp D L B, Culvenor D S, Lovell J L, et al. 2009. Estimating forest LAI profiles and structural parameters using a ground-based laser called 'Echidna'. Tree Physiology, (2): 171-181.

Jutzi B, Stilla U. 2007. Range determination with waveform recording laser systems using a Wiener Filter. Isprs Journal of Photogrammetry Remote Sensing, 61(2): 95-107.

Kaasalainen S, Lindroos T, Hyyppa J. 2007. Toward hyperspectral LiDAR: Measurement of spectral backscatter intensity with a supercontinuum laser source. IEEE Geoscience & Remote Sensing Letters, 4(2): 211-215.

Kaasalainen S, Jaakkola A, Kaasalainen M, et al. 2011. Analysis of incidence angle and distance effects on terrestrial laser scanner intensity: Search for correction methods. Remote Sensing, 3(10): 2207-2221.

Kaasalainen S, Akerblom M, Nevalainen O, et al. 2018. Uncertainty in multispectral lidar signals caused by incidence angle effects. Interface Focus, 8(2): 20170033.

Kalacska M, Lalonde M, Moore T R. 2015. Estimation of foliar chlorophyll and nitrogen content in an ombrotrophic bog from hyperspectral data: Scaling from leaf to image. Remote Sensing of Environment, 169: 270-279.

Kashani A G, Olsen M J, Parrish C E, et al. 2015. A review of LiDAR radiometric processing: From ad hoc intensity correction to rigorous radiometric calibration. Sensors (Switzerland), 15(11): 28099-28128.

Kim D, Kang W H, Hwang , et al. 2020. Use of structurally-accurate 3D plant models for estimating light interception and photosynthesis of sweet pepper (*Capsicum annuum*) plants. Computers and Electronics in

Agriculture, 177: 105689.

Knyazikhin Y, Schull M A, Stenberg P, et al. 2013. Hyperspectral remote sensing of foliar nitrogen content. Proceedings of the National Academy of Sciences of USA, 110(3): E185-192.

Krooks A, Kaasalainen S, Hakala T, et al. 2013. Correction of intensity incidence angle effect in terrestrial laser scanning, ISPRS annals of the photogrammetry. Remote Sensing and Spatial Information Sciences, 5(2): 145-150.

Kross A, McNairn H, Lapen D, et al. 2015. Assessment of RapidEye vegetation indices for estimation of leaf area index and biomass in corn and soybean crops. International Journal of Applied Earth Observation and Geoinformation, 34: 235-248.

Kukkonen M, Maltamo M, Korhonen L, et al. 2019. Comparison of multispectral airborne laser scanning and stereo matching of aerial images as a single sensor solution to forest inventories by tree species. Remote Sensing of Environment, 231: 111208.

Kuusk A. 2001. A two-layer canopy reflectance model. Journal of Quantitative Spectroscopy & Radiative Transfer, 71(1): 1-9.

Lemaire G, Oosterom E V, Sheehy J, et al. 2007. Is crop N demand more closely related to dry matter accumulation or leaf area expansion during vegetative growth? Field Crops Research, 100(1): 91-106.

Lemaire G, Jeuffroy M H, Gastal F. 2008a. Diagnosis tool for plant and crop N status in vegetative stage. European Journal of Agronomy, 28(4): 614-624.

Lemaire G, van Oosterom E, Jeuffroy M H, et al. 2008b. Crop species present different qualitative types of response to N deficiency during their vegetative growth. Field Crops Research, 105(3): 253-265.

Lemaire G, Sinclair T, Sadras V, et al. 2019. Allometric approach to crop nutrition and implications for crop diagnosis and phenotyping: A review. Agronomy for Sustainable Development, 39(2): 33.

Li H, Zhao C, Huang W, et al. 2013. Non-uniform vertical nitrogen distribution within plant canopy and its estimation by remote sensing: A review. Field Crops Research, 142: 75-84.

Li H, Zhao C, Yang G, et al. 2015. Variations in crop variables within wheat canopies and responses of canopy spectral characteristics and derived vegetation indices to different vertical leaf layers and spikes. Remote Sensing Environment, 169: 358-374.

Li P, Zhang X, Wang W, et al. 2020. Estimating aboveground and organ biomass of plant canopies across the entire season of rice growth with terrestrial laser scanning. International Journal of Applied Earth Observation and Geoinformation, 91: 102132.

Li W, Sun G, Niu Z, et al. 2014. Estimation of leaf biochemical content using a novel hyperspectral full-waveform LiDAR system. Remote Sensing Letters, 5(8): 693-702.

Li W, Niu Z, Sun G, et al. 2016. Deriving backscatter reflective factors from 32-channel full-waveform LiDAR data for the estimation of leaf biochemical contents. Opt Express, 24(5): 4771-4785.

Li W, Jiang C, Chen Y, et al. 2019. A liquid crystal tunable filter-based hyperspectral LiDAR system and its application on vegetation red edge detection. IEEE Geoscience Remote Sensing Letters, 2: 291-295.

Liao Q, Wang J, Yang G, et al. 2013. Comparison of spectral indices and wavelet transform for estimating chlorophyll content of maize from hyperspectral reflectance. Journal of Applied Remote Sensing, 7(1): 073575.

Lin D, Wei G, Jian Y. 2018. Application of spectral indices and reflectance spectrum on leaf nitrogen content analysis derived from hyperspectral LiDAR data. Optics & Laser Technology, 107: 372-379.

Lin Y, West G. 2016. Retrieval of effective leaf area index (LAIe) and leaf area density (LAD) profile at individual tree level using high density multi-return airborne LiDAR. International Journal of Applied Earth Observation Geoinformation, 50: 150-158.

Liu H, Bruning B, Garnett T, et al. 2020. Hyperspectral imaging and 3D technologies for plant phenotyping: From satellite to close-range sensing. Computers and Electronics in Agriculture, 175: 105621.

Magney T S, Eusden S A, Eitel J U, et al. 2014. Assessing leaf photoprotective mechanisms using terrestrial LiDAR: Towards mapping canopy photosynthetic performance in three dimensions. New Phytologist, 201(1): 344-356.

Magney T S, Eitel J U H, Griffin K L, et al. 2016. LiDAR canopy radiation model reveals patterns of photosynthetic partitioning in an Arctic shrub. Agricultural and Forest Meteorology, 221: 78-93.

Malambo L, Popescu S C, Horne D W, et al. 2019. Automated detection and measurement of individual sorghum panicles using density-based clustering of terrestrial lidar data. ISPRS Journal of Photogrammetry and Remote Sensing, 149(MAR.): 1-13.

Mallet C, Bretar F. 2009. Full-waveform topographic LiDAR: State-of-the-art. Isprs Journal of Photogrammetry and Remote Sensing, 64(1): 1-16.

Mariotto I, Thenkabail P S, Huete A, et al. 2013. Hyperspectral versus multispectral crop-productivity modeling and type discrimination for the HyspIRI mission. Remote Sensing of Environment, 139: 291-305.

Meacham-Hensold K, Fu P, Wu J, et al. 2020. Plot-level rapid screening for photosynthetic parameters using proximal hyperspectral imaging. Journal of Experimental Botany, 71(7): 2312-2328.

Mohamed E S, Saleh A M, Belal A B, et al. 2018. Application of near-infrared reflectance for quantitative assessment of soil properties. The Egyptian Journal of Remote Sensing and Space Science, 21(1): 1-14.

Morsdorf F, Kötz B, Meier E, et al. 2006. Estimation of LAI and fractional cover from small footprint airborne laser scanning data based on gap fraction. Remote Sensing of Environment, 104(1): 50-61.

Morsdorf F, Nichol C, Malthus T, et al. 2009. Assessing forest structural and physiological information content of multi-spectral LiDAR waveforms by radiative transfer modelling. Remote Sensing of Environment, 113(10): 2152-2163.

Neale C M U, Maltese A, Zhu X, et al. 2016. Retrieval of vertical leaf water content using terrestrial full-waveform LiDAR. 9998, 99981U.

Neinavaz E, Skidmore A K, Darvishzadeh R, et al. 2016. Retrieval of leaf area index in different plant species using thermal hyperspectral data. ISPRS Journal of Photogrammetry and Remote Sensing, 119: 390-401.

Nevalainen O, Hakala T, Suomalainen J, et al. 2014. Fast and nondestructive method for leaf level chlorophyll estimation using hyperspectral LiDAR. Agricultural & Forest Meteorology, 198-199: 250-258.

Niinemets U. 2007. Photosynthesis and resource distribution through plant canopies. Plant Cell Environment, 30(9): 1052-1071.

Niu Z. 2010. Nondestructive estimation of canopy chlorophyll content using hyperion and landsat/TM images. International Journal of Remote Sensing, 31(8): 2159-2167.

Niu Z, Xu Z, Sun G, et al. 2015. Design of a new multispectral waveform LiDAR instrument to monitor vegetation. IEEE Geoscience and Remote Sensing Letters, 12(7): 1506-1510.

Oren M, Nayar S K. 1995. Generalization of the Lambertian model and implications for machine vision. International Journal of Computer Vision, 14(3): 227-251.

Peng G, Ruiliang P, Biging G S. et al. 2003. Estimation of forest leaf area index using vegetation indices derived from hyperion hyperspectral data. IEEE Transactions on Geoscience and Remote Sensing, 41(6): 1355-1362.

Plénet D, Lemaire G. 1999. Relationships between dynamics of nitrogen uptake and dry matter accumulation in maize crops. Determination of critical N concentration. Plant Soil, 216(1/2): 65-82.

Poullain E, Garestier F, Bretel P, et al. 2012. Modeling of ALS intensity behavior as a function of incidence angle for coastal zone surface study. 2012 IEEE International Geoscience and Remote Sensing Symposium: 2849-2852.

Poullain E, Garestier F, Levoy F, et al. 2016. Analysis of ALS intensity behavior as a function of the incidence angle in coastal environments. IEEE Journal of Selected Topics in Applied Earth Observations and Remote Sensing, 9(1): 313-325.

Pu R, Gong P. 2011. Hyperspectral remote sensing of vegetation bioparameters. Advances in Environmental Remote Sensing: Sensors, Algorithms, and Applications, 7: 101-142.

Puttonen E, Hakala T, Nevalainen O, et al. 2015. Artificial target detection with a hyperspectral LiDAR over 26-h measurement. Optical Engineering, 54(1): 013105.

Qian X, Yang J, Shi S, et al. 2021. Analyzing the effect of incident angle on echo intensity acquired by hyperspectral lidar based on the Lambert-Beckman model. Opt Express, 29(7): 11055-11069.

Rall J, Knox R G. 2004. Spectral ratio biospheric LiDAR. IGARSS 2004. 2004 IEEE International Geoscience and Remote Sensing Symposium.

Richter T, Fukshansky L. 2010. Optics of a bifacial leaf: 1. A Novel combined procedure for deriving the optical parameters. Photochemistry & Photobiology, 63(4): 507-516.

Rivera-Caicedo J P, Verrelst J, Muñoz-Marí J, et al. 2017. Hyperspectral dimensionality reduction for biophysical variable statistical retrieval. Isprs Journal of Photogrammetry & Remote Sensing, 132: 88-101.

Rondeaux G, Steven M, Baret F. 1996. Optimization of soil-adjusted vegetation indices. Remote Sensing Environment, 55(2): 95-107.

Rouse J W, Haas R W, Schell J A, et al. 1974. Monitoring the vernal advancement and retrogradation (green wave effect) of natural vegetation. Greenbelt, MD: NASA/GSFC Type III, Final Report: 1-37.

Saini T S, Baili A, Kumar A, et al. 2015. Design and analysis of equiangular spiral photonic crystal fiber for mid-infrared supercontinuum generation. Journal of Modern Optics, 62(19): 1570-1576.

Schertz F M. 1921. A chemical and physiological study of mottling of leaves. Botanical Gazette, 71(2): 81-130.

Shao H, Chen Y, Yang Z, et al. 2019. A 91-channel hyperspectral LiDAR for coal/rock classification. IEEE Geoscience and Remote Sensing Letters, (99): 1-5.

Slater P N, Jackson R D. 1982. Atmospheric effects on radiation reflected from soil and vegetation as measured by orbital sensors using various scanning directions. Applied Optics, 21(21): 3923.

Soudarissanane S, Lindenbergh R, Menenti M, et al. 2011. Scanning geometry: Influencing factor on the quality of terrestrial laser scanning points. ISPRS Journal of Photogrammetry and Remote Sensing, 66(4): 389-399.

Stovall A E L, Vorster A G, Anderson R S, et al. 2017. Non-destructive aboveground biomass estimation of coniferous trees using terrestrial LiDAR. Remote Sensing of Environment, 200: 31-42.

Su Y, Wu F, Ao Z, et al. 2019. Evaluating maize phenotype dynamics under drought stress using terrestrial lidar. Plant Methods, 15: 11.

Suits G H. 1971. The calculation of the directional reflectance of a vegetative canopy. Remote Sensing Environment, 2(1): 117-125.

Sun G, Niu Z, Gao S, et al. 2014. 32-channel hyperspectral waveform LiDAR instrument to monitor vegetation: design and initial performance trials. Proceedings of SPIE-The International Society for Optical Engineering, 9263: 926331-926331-7.

Sun J, Yang J, Shi S, et al. 2017. Estimating rice leaf nitrogen concentration: Influence of regression algorithms based on passive and active leaf reflectance. Remote Sensing, 9(9): 951.

Sun J, Shi S, Yang J, et al. 2018. Estimating leaf chlorophyll status using hyperspectral LiDAR measurements by PROSPECT model inversion. Remote Sensing of Environment, 212: 1-7.

Sun J, Shi S, Yang J, et al. 2019. Wavelength selection of the multispectral lidar system for estimating leaf chlorophyll and water contents through the PROSPECT model. Agricultural and Forest Meteorology, 266: 43-52.

Suomalainen J, Hakala T, Kaartinen H, et al. 2011. Demonstration of a virtual active hyperspectral LiDAR in automated point cloud classification. Isprs Journal of Photogrammetry & Remote Sensing, 66(5): 637-641.

Tam R, Magistad O. 1935. Relationship between nitrogen fertilization and chlorophyll content in pineapple plants. Plant Physiology, 10(1): 159.

Tan K, Cheng X. 2016. Correction of incidence angle and distance effects on TLS intensity data based on reference targets. Remote Sensing, 8(3): 251.

Tan K, Cheng X. 2017. Specular reflection effects elimination in terrestrial laser scanning intensity data using phong model. Remote Sensing, 9(8): 853.

Tan K, Zhang W, Shen F, et al. 2018. Investigation of TLS intensity data and distance measurement errors from target specular reflections. Remote Sensing, 10(7): 1077.

Tan S, Narayanan R M. 2004. Design and performance of a multiwavelength airborne polarimetric LiDAR for vegetation remote sensing. Applied Optics, 43(11): 2360-2368.

Tian W, Tang L, Chen Y, et al. 2021. Analysis and radiometric calibration for backscatter Intensity of hyperspectral LiDAR caused by incident angle effect. Sensors (Basel), 21(9): 2960.

Tian Y C, Gu K J, Chu X, et al. 2014. Comparison of different hyperspectral vegetation indices for canopy leaf nitrogen concentration estimation in rice. Plant & Soil, 376(1-2): 193-209.

Tilly N, Hoffmeister D, Cao Q, et al. 2014. Multitemporal crop surface models: Accurate plant height measurement and biomass estimation with terrestrial laser scanning in paddy rice. Journal of Applied Remote Sensing, 8: 083671.

Tol C, Verhoef W, Timmermans J, et al. 2009. An integrated model of soil-canopy spectral radiances, photosynthesis, fluorescence, temperature and energy balance. Biogeosciences, 6(2009) 12, 6.

Torrance K E, Sparrow E M. 1967. Theory for off-specular reflection from roughened surfaces. Josa, 57(9): 1105-1114.

Tuia D, Verrelst J, Alonso L, et al. 2011. Multioutput support vector regression for remote sensing biophysical parameter estimation. IEEE Geoscience & Remote Sensing Letters, 8(4): 804-808.

Verhoef W. 1984. Light scattering by leaf layers with application to canopy reflectance modeling: The SAIL

Model. Remote Sensing Environment, 16: 125-141.

Verrelst J, Camps-Valls G, Munoz-Mari J, et al. 2015. Optical remote sensing and the retrieval of terrestrial vegetation bio-geophysical properties—A review. Isprs Journal of Photogrammetry & Remote Sensing, 108(OCT): 273-290.

Verrelst J, Malenovský Z, Tol C V D, et al. 2018. Quantifying vegetation biophysical variables from imaging spectroscopy data: A review on retrieval methods. Surveys in Geophysics, (2): 1-41.

Vos J, Putten P E L, Birch C J. 2005. Effect of nitrogen supply on leaf appearance, leaf growth, leaf nitrogen economy and photosynthetic capacity in maize (*Zea mays* L.). Field Crops Research, 93(1): 64-73.

Wagner W, Ullrich A, Ducic V, et al. 2006a. Gaussian decomposition and calibration of a novel small-footprint full-waveform digitising airborne laser scanner. ISPRS Journal of Photogrammetry and Remote Sensing, 60(2): 100-112.

Wagner W, Ullrich A, Ducic V, et al. 2006b. Gaussian decomposition and calibration of a novel small-footprint full-waveform digitising airborne laser scanner. ISPRS Journal of Photogrammetry Remote Sensing, 60(2): 100-112.

Wallace A M, Mccarthy A, Nichol C J, et al. 2014. Design and evaluation of multispectral LiDAR for the recovery of arboreal parameters. IEEE Transactions on Geoscience & Remote Sensing, 52(8): 4942-4954.

Walter J D C, Edwards J, McDonald G, et al. 2019. Estimating biomass and canopy height with LiDAR for field crop breeding. Front Plant Science, 10: 1145.

Wang C, Nie S, Xi X, et al. 2016. Estimating the biomass of maize with hyperspectral and LiDAR data. Remote Sensing, 9(1): 1-12.

Wang J H, Huang W J, Lao C L, et al. 2007. Inversion of winter wheat foliage vertical distribution based on canopy reflected spectrum by partial least squares regression method. Spectroscopy & Spectral Analysis, 27(7): 1319-1322.

Wang Q, Li P. 2013. Canopy vertical heterogeneity plays a critical role in reflectance simulation. Agricultural & Forest Meteorology, 169(169): 111-121.

Wang Z, Skidmore A K, Wang T, et al. 2017. Canopy foliar nitrogen retrieved from airborne hyperspectral imagery by correcting for canopy structure effects. International Journal of Applied Earth Observation and Geoinformation, 54: 84-94.

Ward G J. 1992. Measuring and modeling anisotropic reflection, Proceedings of the 19th annual conference on Computer graphics and interactive techniques. ACM SIGGRAPH Computer Graphics, 26(2): 265-272.

Weymann W, Sieling K, Kage H. 2017. Organ-specific approaches describing crop growth of winter oilseed rape under optimal and N-limited conditions. European Journal of Agronomy, 82: 71-79.

Woodhouse I H, Nichol C, Sinclair P, et al. 2011. A multispectral canopy LiDAR demonstrator project. IEEE Geoscience & Remote Sensing Letters, 8(5): 839-843.

Wu A, Song Y, van Oosterom E J, et al. 2016. Connecting biochemical photosynthesis models with crop models to support crop improvement. Front Plant Science, 7: 1518.

Wu C, Zheng N, Quan T, et al. 2008. Estimating chlorophyll content from hyperspectral vegetation indices: Modeling and validation. Agricultural & Forest Meteorology, 148(8): 1230-1241.

Xu Q, Yang J, Shi S, et al. 2021. Analyzing the effect of incident angle on echo intensity acquired by hyperspectral LiDAR based on the Lambert-Beckman model. Optics Express, 29(7): 11055-11069.

Xue L, Cao W, Luo W, et al. 2004. monitoring leaf nitrogen status in rice with canopy spectral reflectance support by national natural science foundation of China (30030090) and state 863 Hi-tech program (2002AA243011). Agronomy Journal, 96(1): 135-142.

Yang H, Han F, Hu H, et al. 2014. Spectral-temporal analysis of dispersive wave generation in photonic crystal fibers of different dispersion slope. Journal of Modern Optics, 61(5): 409-414.

Yang J, Du L, Cheng Y, et al. 2020. Assessing different regression algorithms for paddy rice leaf nitrogen concentration estimations from the first-derivative fluorescence spectrum. Opt Express, 28 (13): 18728-18741.

Yao X, Huang Y, Shang G, et al. 2015. Evaluation of six algorithms to monitor wheat leaf nitrogen concentration. Remote Sensing, 7(11): 14939-14966.

Ye H, Huang W, Huang S, et al. 2018. Remote estimation of nitrogen vertical distribution by consideration of maize geometry characteristics. Remote Sensing, 10(12): 1995.

Yu X W, Liang X, Hyyppae J, et al. 2013. Stem biomass estimation based on stem reconstruction from terrestrial laser scanning point clouds. Remote Sensing Letters, 4(4-6): 344-353.

Zarco-Tejada P J, Miller J R, Noland T L, et al. 2001. Scaling-up and model inversion methods with narrowband optical indices for chlorophyll content estimation in closed forest canopies with hyperspectral data. Ieee Transactions on Geoscience and Remote Sensing, 39(7): 1491-1507.

Zhang C, Gao S, Li W, et al. 2020. Radiometric calibration for incidence angle, range and sub-footprint effects on hyperspectral LiDAR backscatter intensity. Remote Sensing, 12(17): 2855.

Zhao B, Ata-Ul-Karim S T, Liu Z, et al. 2017. Development of a critical nitrogen dilution curve based on leaf dry matter for summer maize. Field Crops Research, 208: 60-68.

Zhao C, Li H, Li P, et al. 2016. Effect of vertical distribution of crop structure and biochemical parameters of winter wheat on canopy reflectance characteristics and spectral indices. IEEE Transactions on Geoscience & Remote Sensing, 55(1): 236-247.

Zhao C, Zhang Y, Du J, et al. 2019. Crop phenomics: Current status and perspectives. Frontiers in Plant Science, 10: 714.

Zhu X, Wang T, Darvishzadeh R, et al. 2015. 3D leaf water content mapping using terrestrial laser scanner backscatter intensity with radiometric correction. ISPRS Journal of Photogrammetry and Remote Sensing, 110: 14-23.

Zhu X, Wang T, Skidmore A K, et al. 2017. Canopy leaf water content estimated using terrestrial LiDAR. Agricultural and Forest Meteorology, 232: 152-162.